选择

解决人生所有取舍的关键思维

张国洋　姚诗豪　著

台海出版社

图书在版编目（CIP）数据

选择：解决人生所有取舍的关键思维 / 张国洋，姚诗豪著 .-- 北京：台海出版社，2017.11

ISBN 978-7-5168-1598-4

Ⅰ .①选… Ⅱ .①张… ②姚… Ⅲ .①成功心理－通俗读物 Ⅳ .① B848.4-49

中国版本图书馆 CIP 数据核字 (2017) 第 242282 号

选择：解决人生所有取舍的关键思维

著　　者：张国洋　姚诗豪

责任编辑：高惠娟　　　　装帧设计：胡　椒

版式设计：新　月　　　　责任印制：蔡　旭

出版发行：台海出版社

地　　址：北京市东城区景山东街 20 号　　邮政编码：100009

电　　话：010-64041652（发行，邮购）

传　　真：010-84045799（总编室）

网　　址：www.taimeng.org.cn/thcbs/default.htm

E-mail：thcbs@126.com

经　　销：全国各地新华书店

印　　刷：北京时捷印刷有限公司

本书如有破损、缺页、装订错误，请与本社联系调换

开　　本：787mm×1092mm　1/16

字　　数：132 千字　　　　印　张：13.75

版　　次：2017 年 11 月第 1 版　　印　次：2017 年 11 月第 1 次印刷

书　　号：ISBN 978-7-5168-1598-4

定　　价：49.80 元

序

关于“大人学选择”

我们从 2007 年开始写作。在这八年间，写了很多跟职场、两性、人际、沟通、创业、投资、思考及个人管理相关的文章。到了 2015 年，我们成立了大人学网络平台，并将这些文章收录在其中。

为何叫“大人学”呢？

因为成为大人还真不是一件简单又自然的事情。虽然我们都以为年纪到了、从学校毕业了，就能取得大人世界的入场券。但随着年纪越大，越会发现似乎不是这么一回事。成为大人后，还有太多难题是过去没学会的。其中，怎么做“选择”就是一个这样的难题。

人生有太多面向，仰赖我们精明的判断。例如该找什么样的工作、该追寻梦想还是屈就现实、谁是可以共度一生的伴侣、资产该如何配置、买房子还是租房子、住得离公司近些省时间还是通勤省钱、有闲钱时该投资还是进修等等。这些选择没有一个是容易的。更惨的是，我们总得在信息不足的状况下，快速做出判断。

因为“选择”太重要了，所以过去我们持续谈着人生各方面的选择。像我们在环宇电台的广播节目《周四大人学》，也会邀请在各行各业有所突破的人，跟听众分享他们在面对人生关键决定时的思维模式。我们也曾针对特定议题举办过讲座，例如《寻找天赋与热情的系统化做法》是谈如何筛选人生职涯的方向；《寻找完美伴侣的系统化做法》则是谈该怎么筛选合适的人生伴侣。

因为有这些文章、广播节目以及讲座，这些年我们常碰到年轻的朋友在选择时感到迷惘，因此来询问我们的意见。虽然不敢说我们有多丰富的人生阅历，但因为受过商业顾问的逻辑训练，所以我们习惯用系统化的方式拆解问题、分析大局、找出合宜的策略。因此这些年来，也陆续给了许多人不同的建议，慢慢发现大家不是不会选，而是缺乏一个系统的方式，能在碰到困难时做出合理的判断。

这本书，是我们将“选择”这个主题整理后得到的成果。书中将分享我们自己在面对人生选择时的思考原则，也包括这些思考原则落实到个别议题的细微思路。若你能学会这样的思考模式，下次碰到选择时，就可以用更全面且圆融的方式来应对。

虽然没有人的人生是相同的，但我们可以从别人的情境中获得借鉴。希望这本书，可以为你未来的人生在面临选择时，带来些许帮助。

张国洋、姚诗豪

2016 年 8 月

编按：

本书为两位作者共同撰写而成，为求阅读顺畅，正文中主词统一由“我”代替“我们”。

前言

做出理性选择的十大原则

“选择”是很难的一件事。从某种程度来说，选择就是在未知的状况下“赌一把”。大部分的人生悲剧，往往来自于当事人在完全搞不清楚状况的时候，就做了一个可能影响数十年，甚至后半辈子的选择。比方说选学校、选科系、选第一份工作、选择跟什么样的人在一起。偏偏大部分的人在关键的事情上，很少知道该怎么使用逻辑思考细细推敲，反而只是凭借感性与直觉而定。

选择更让人苦恼的地方，在于可能会有好几个选项。除非利弊与得失清楚明白，不然其中的取舍总是让人为难。也因为分析起来很困难，所以有很多人常常思考半天后，却选出一个自以为很好，客观上其实没有这么棒的选项。

在本书开始之前，想先给各位读者十个我们自己常用的思考原则。在面对各类选择时，如果都能以下面的原则思考一遍，就可以有效地让未来的人生更加顺遂。

原则一：哪一个选项可以让未来的选择增加

每个选项都有其优缺点。我自己在比较各选项时，最先思考的问题，通常都是“哪一个对我将来的自由度最有帮助”。

某些选项会带来短期利益，但长期下来能自由选择其他选项的机会会减少；而有些选项短期虽然不利，但长期看来会让选择的自由度增加。所以基本原则是“选择能让长期选项增加的那一个”。

举个简单的例子：有个人很喜欢音乐，却念了四年的法律系。即将毕业之际他听了一场音乐会，发现自己真的很想从事音乐工作。那到底该立刻休学去当音乐家，还是多花几个月的时间拿毕业证书？是我的话，我会忍耐到毕业。因为拿到法律系的毕业证书，不表示一定得从事法律工作，虽然投入不多，却对后续的人生是个“保险”。万一将来音乐家的人生不顺遂，至少还有机会回来从事法律工作；但如果没这保险，我后续的人生选择就只剩下在音乐领域出头一途。所以拿到毕业证书，我后续还有两个人生选择；但如果不拿，就只会剩下一个选择。

以此当第一个思考原则，你就能尝试把人生后续的机会最大化。一旦努力做到这点，加上运气又不差，人生牌局就会越玩越好！

原则二：不要因为害怕、恐惧或困难而做出选择

很多人会因为害怕而做出选择。比方说害怕孤单，害怕没工作，害怕无法面对困难的挑战，觉得跨出舒适圈面对未知很恐怖，所以做了一个让自己觉得舒适的选择。

但舒适的选择，通常都是我们熟悉的，没有挑战性的，甚至可能是有所缺憾的选择。因为如果现况很好、可以长期延续，毫无问题，就不会烦恼“要不要选新的”了。但就是因为现况出了问题，即使看起来还不明显，可是将来迟早会发生，所以我们潜意识才会觉得“似乎是到了做些改变的时候了”。

可是很多时候，我们又会反反复复，担心未来，所以最后延迟决定，让自己继续待在舒适圈中。但这不是理智在帮你决定，而是“恐惧感”在操控你。恐惧感会让我们待在一个目前安全，但未必正确的位置，进而错过改变的机会。

请记得：人生最可怕的地方，并不是失去现有的，而是得不到未来更有价值的那些机会。

原则三：不要在愤怒或不平时做出决定

人在愤怒或觉得不公平时，会倾向于选择玉石俱焚，而非把自己的利益最大化的选项。

两个小朋友在堆砂堡。如果一个小朋友因砂堡被推倒而在地上大哭，即使老师来了，往往怎么安慰、擦药、给糖果、送玩具，都没办法让他破涕为笑，除非让他把另一个小朋友的砂堡也推倒，自己才会高兴。这是人性。但如果冷静下来看，他拒绝了安慰、包扎、糖果、玩具这些益处，一心一意只为了报仇，这样的选择其实非常不理性，也对自己毫无益处。

但你我都是人，都有类似的人性，所以请小心这样的人性陷阱。如果你被老师批评，跟情人吵架，跟老板争执，被客户抱怨，这时候千万不要做任何重大的决定，因为很可能是冲动、不明智的一个选择，变成只是昏了头，想报复对方，让对方难堪与受伤。而这类选项通常都会搞坏关系、累积仇恨，也损伤利益。一旦发生这些状况，通常都会让将来的人生选择缩限。因此，一定要训练自己在盛怒、感觉不公平的情绪下暂不做选择。如此，选择的质量才会好。

原则四：预想最坏的情况会怎么样，并预做准备

虽然我建议尽量逼自己走出舒适圈，但这不表示要盲目地承担风险。我在做选择之前，都会问自己两个问题。第一个问题是“如果事情不如预期，可能会多坏”；第二个问题是“如果最坏的情况发生了，我承受得住吗”。

因为很多时候，我们只是自己吓自己。认真细想下去，坏结果有可能根本没什么。直觉虽然让我们觉得某个选择的风险很大，但是当理性思考过后，可能会发现原本以为的风险，根本没想象中那么大。

我自己当年在创业前也有类似的思考。创业听起来是很可怕的事情，可是当时我分析后，发现我的行业中最惨也就是没有客人，接不到生意，但因为前期投资非常小，其实不会因此亏钱。这样一想，就觉得其实根本不可怕。

再来我又思考，如果一直接不到生意，可以这样尝试多久？

毕竟经营出名声是需要时间累积的。我发现以当时的储蓄而言，就算过两年没薪水的日子也没问题。而且真的这么糟糕的事情都发生了，那我又会如何？想想发现也没怎么样，顶多是回去当上班族。所以一路想下来，就觉得创业其实也没这么可怕。当你发现没这么可怕时，恐惧感就不会驱赶理性，选择当然也能更加正确。而且当你把最坏的状况都想过一轮时，代表你对于这项选择也做好了全方位的规划。后续执行时的顺畅度，其实也会跟着大幅提升。

原则五：计算成本，尤其是机会成本

另一个让选择更理性的习惯，是计算成本。

当手边有两个选择时，你若要让自己倾向理性思考，就该逼自己计算成本与报酬的关联。当选项被尽量数值化之后，就能让我们避开因为愤怒或不平所做的两败俱伤的选择。

但要提醒的是：成本不一定只有钱。更多的时候包括时间、人情、机会等。某个选择虽然会花比较少的钱，但可能会得罪人，损伤人脉，让亲友反目，这也未必是个好选择。

此外，重大决策还需要考虑机会成本。所谓机会成本，就是被放弃的选项所带来的潜在价值。比方说，你继承了一间店面，这时到底是拿来自己开店做生意，还是把店面租出去比较划算?

你盘算之后，可能估计自己开间咖啡店，日子会很轻松，一个月净利大约有三万元。这听起来好像很不错，但如果你从另一个角度来看，这间店面如果租出去，你或许能得到五万元，而且什么事情都不用做。而放弃出租，就会每月损失两万，也就是自己开店的机会成本了。

当然，选择或许不能只看数值面。可能还要考虑自己开店的满足感，成就感，学得的经验，跟人互动的乐趣，达成梦想等。这些也是该理性思考的一环，把各选项的价值与成本、好处与坏处都列出来，再根据人生目标挑一个最接近的，这才是大人的思考方式。

原则六：难以决定时，尝试把状况推到极端

当然，保持理性不是件容易的事。有时我们自以为很理性，但潜意识早已被恐惧感绑架了。但当下自己可能很难察觉自己到底是因为什么而偏好某个选择。

这时候我会尝试做一件事情，就是把手上的选项推到极端，或把环境推到极端，看看这些选项是否还一样吸引我。如此也会比较容易辨识出来，自己在意的到底是什么。

例如挑选工作时，我会问自己几个问题：“如果薪水只有现在的一半，我还会想做吗？”“如果主管不是这个人，我还会想做吗？”“如果从此工时会变超长，我还会想做吗？”“如果公司日后没有这种规模的大案子，我会想待在这儿吗？”

把环境推到极端，也是我卡住时常常问自己的问题：“如果我中了乐透，还会想做现在的工作吗？”“如果我中了乐透，会想跟谁一起分享？”“如果我中了乐透，我还会想住在这里吗？”

当你尝试这样自问时，就能搞清楚自己到底是因为恐惧感、因为无奈、还是因为真心喜欢而选择某个选项。一旦知道自己潜意识里最在意的点，就能回归理性，从价值跟成本的角度，分析这项选择的利弊得失。

原则七：还是很难选择时，逼自己做些小实验

不过，逻辑分析没办法处理信息不足的状况。比方说你想跨入一个从来没做过的产业，若只是关在房间里自己判断，那其实不叫分析，而是空想。要有效判断，就必须先搜集情报。所谓搜集情报，可能是问有相关经验的朋友、买相关的书籍进行了解。更务实的方法，则是让自己做些小规模的尝试。

若你是一个工程师，想转职到比较重销售的职位，但你没有销售经验，也不擅长跟人交流，更不知道自己到底学不学得来。这时与其在家里空想，或是跳下去了才后悔，不如尝试主动争取一些机会。比方说公司下次销售拜访，需要有懂技术的人一起前往时，你可以主动请缨加入。这样虽然没有直接参与，但最少可以近距离观察，而且很可能有机会面对面回答客户的问题。有几次这种经验后，就会对这项选择有更全面的了解。

但我也要提醒，尝试自己从来没做过的事情，一开始一定会有较长的学习曲线，所以不要因为一两次挫折就做出“我一定没办法”的结论。可能要多尝试几次，才会真正感受到其中的乐趣。但透过这种间接跨界的尝试，至少可以在风险最低的状况下，理解到另一个选择的优劣之处，也能让后续的判断更贴近真实。

原则八：无论如何，不要盲从与跟风

虽然大家都做的事情，好像有种“众人的保证”，但也因为大家都做，竞争一定很激烈，而且好机会也比较难获得。

对大部分的人而言，接受世俗的价值观最轻松：读研究所，进大公司，结婚，生小孩，买房子，定期定额买基金，买终生寿险……都是很多人直觉接受的人生选择。但我要提醒的是：所有选择的适用性，最后都还是得回归到个人！

就算很多建议符合90%以上的人，你也有可能刚好是剩下的10%。所以听到别人的建言，知道大家都排队跟风的事情时，不要慌忙跟上，反而应该退后一步，想想这个选择真的跟自己的生涯目标、自身条件吻合吗？如果是一个竞争激烈的红海市场，跳进去真的能生存或突围吗？会不会只是掉进去变成一个不快乐的分母？若是后者，难道我真得做跟大家一样的事情？还是可以另辟蹊径，走出跟大家不同的人生道路？唯有这些都想透了，做出的选择才是真正为自己量身打造的。

原则九：有机会，多学习别人的选择逻辑

虽然我建议大家不要跟风，但不表示该因此封闭自己，不理外界趋势。以我自己而言，虽然某些选择不符合自己的价值观，但如果认识那些做了这项选择，而且过得很好的人，我会想找他聊聊他背后的“人生价值观”：听听当时他为何这么选，碰到了什么问题，如何克服等。虽然这不表示我会跟着选，但我能更全面地了解别人怎么面对问题，以及如何判断与执行。

世界上没有什么选择是所有人都适用的。别人选对了、成功了、顺遂了，有时候不是表面的选对，而是他有正确思考自己的人生目标、个人特质，然后选出正确的路径来搭配。简单地说，这是一个综效的结果。

所以我对这部分会很感兴趣。当你多了解别人怎么想，别人如何面对人生选择，就能体会一些更深层的生活心得。这些别人的故事也会让我们成长，让自己日后在面对选择时，可以用更宏观的策略来看待这些选项。

原则十：选错没关系，要有轴转或停损的勇气

没有人能一次选到最完美的人生路程，大部分都是在过程中不断调整。所以有个很重要的原则，就是必须有“舍得的勇气”。选到不喜欢的科系，不要因为花了四年，所以逼自己继续做相关工作；觉得某个工作跟人生的目标不吻合，不要觉得都浪费两年了，放弃很可惜；不要觉得两人差异太大，却因为花了一年的时间交往，害怕从头来过

太辛苦而坚持跟对方耗下去。

有些选择做错了，我们虽然会无奈，但也只能坦然接受。调整自己，控制情绪，然后迈开步伐，重新尝试不同的方向，就能找到更正確的目标。

如果总是陷在觉得可惜的情绪里，逼自己忍耐，最后很可能会在愤怒或不平的情绪中，做出一个极端或偏颇的选择。这样的选择通常都很糟糕，带给你的利益也最小。干脆在没有被逼到绝境之前，让自己勇敢离开不好的环境。就长期而言，这样才能让自己未来的选项最大化！

结论

以上十个原则，是面对困难的选择时，值得一试的思考起点。更具体的选择情境，请各位读者继续阅读后面的章节。

我们收录的内容包含：职涯发展、人生态度、个人理财、创业经营，以及人生伴侣等各类关键选择的细微思考。

更多内容，欢迎各位到大人学网站，继续关注我们。

www.darencademy.com

目录 CONTENTS

第二章　人生态度的选择

第三章　个人理财的选择

第四章　创业经营的选择

第五章　人生伴侣的选择

第六章　总结

第一章

职业生涯发展的选择

在成年之后，我们绝大多数清醒与健康的时间都被工作所占据。如果单纯把工作当成一种谋生的活动，不得不为，那是多么无奈与浪费啊！正向看待工作这件事,并且透过逻辑思考来做出正确的选择,就等于掌握了绝大部分的人生。你会发现除了追名逐利以外，工作还能带给我们更多的养分与启发。

职场选择的两大关键：杠杆与弹性

人生原本就是由一道道的关卡所组成的，每道关卡我们都得做出选择，在这些选择与思考当中，我们逐步认识世界，了解自己，并成为一个真正的大人。

对许多年轻人来说，人生第一道重要关卡，就是毕业之后该如何选择未来之路。

我家里有位大学刚毕业的小辈，对于未来一片茫然，身边好几位同学都去澳洲游学打工，他也跃跃欲试，想在进入职场前来段人生的壮游。他的妈妈对于儿子要出国游历是赞成的，但不解的是，好好一个大学生，为何要去国外当工人或屠夫。她希望儿子能出国留学拿个学位，或至少去念个语言学校，把英文练好，不要去当苦力。

儿子听了很不爽，他觉得职业无分贵贱，靠劳力赚钱有何不对，妈妈的想法实在不符合潮流。母子两人互不相让，于是来找我评理。

我赞成儿子的“职业无分贵贱”理论，而妈妈的“出国深造”说得也有道理。但我认为这件事情的关键，倒不是该去澳洲当工人还是去美国读硕士，而是在于职场之路有没有办法“持续进化”！

简单地说，一个理想的职涯选择，有两件事情很重要：一是“杠杆”，二是“弹性”。“杠杆”让你每一分的投入，能获得一分以上的回报；至于“弹性”，则强调每个选择都该让你的路越来越宽广，而非越来越狭窄。

很多人选择工作，把薪资福利这些外在条件列为关键考量，却忽略了一件超级重要的事情，就是你为这份收入付出了多少成本。这是个简单的投资回报观念。“回报／投入”的比值，就是所谓的杠杆。随着年龄增长，我们当然希望这个杠杆值（也就是投资报酬率）越来越高。另一方面，我们也希望在职场上的选项能够越来越多，不要因为年纪大就卡在原有职位上，哪儿都去不了，最后只能硬撑到领退休金为止。

那么，我们可以期待从职场中获得什么样的“报酬”呢？背后又需要哪些“成本”？

职场的“报酬”，第一个想到的当然是“钱”啦！其次还有成就感、社会认同、人脉等无形的效益。这些效益通常不明显，会慢慢以“机会”的形式呈现出来。例如，你的工作表现很好，会获得主管、同事与客户的认同，被晋升或被同行挖角的机会也大增，所以你的选择会越来越多，这是最棒的情况。

那职场的“成本”是什么？就是你为工作所付出的东西。包含体力、时间、个人技能，还有组织能力（领导、管理、人际沟通等软性技能）等。我们每个人都必须为工作投入这些东西，而且每样工作中，这四种“材料”的比例都不太相同。

例如去澳洲当肉品工人，据说每星期可领到 25000 台币左右，超过台湾一个月的基本薪资，听起来很不错。但这份工作的投入成本，可能体力占 50%、时间 40%、技能 10%、组织能力 0%。这样的成本结构会透露出几个问题：

1. 体力与时间占了最大比重（90%），这两者是随着年龄增长逐渐下滑的资源。

2. 技能占比太低（仅 10%），除非未来投入屠宰业，否则这技能的沿用性不高。

3. 组织能力的投入为零，等于这份工作无法累积相关能力，但这却是未来杠杆率最高的资源。

相对的，若去澳洲当餐厅服务生，虽然薪水可能比较少，但投入成本预估是体力 30%（体力消耗比肉品工人低）、时间 40%（假设与肉品工人相同工时）、技能 20%（接受点餐、服务客户、餐饮知识）、组织能力 10%（应付突发状况，优化工作顺序）。这样的成本结构相较于肉品工人：

1. 体力耗费略低，有剩余精力可以思考更多事情。

2. 技能与组织能力比重高，而且与人有关，经验比较可能沿用到其他工作。

3. 有服务生经验的，去当肉品工人容易，但反过来则需要更多的训练。服务生在职场上将有更多选择！

以上数字只是一个概略性的估计，我们要强调的，不是餐厅服务生比肉品工人高级，上述的情境只是一个比喻。重点是我们应该试着用经济学的投资回报角度，来看待每一个职场选择。

另一位认识超过20年的好友，我们相识时他才20岁出头。虽然学历不高，但工作勤奋，人也聪明，最高纪录一个人同时上三个班！白天在办公室任职，晚上去做夜班，还兼差做直销。他曾经考虑要回学校读书，或花钱上课学些新技能，但后来觉得会占用他赚钱的时间，于是作罢！他也曾试着做小生意，虽然小有成就，但觉得做生意太麻烦，而且有风险，不如兼差领薪水来得实在，因此继续用时间与体力来换金钱。随着年龄逐渐增长，愿意接受他的工作越来越少，加上身体长年疲劳开始出状况，不可能像以往身兼数职，于是杠杆越来越低，选择越来越窄。40岁原本正是职场爆发的年纪，他却开始靠老本过日子。

面对职场大大小小的选择，千万别短视眼前的利益，而要分析背后各项成本所占的比重（体力、时间、技术、组织能力）：减少以体力、时间这类越用越少的资源来换钱，尽量多用技术、组织能力这类具有杠杆特性的资源换取成果。这样在40年左右的职场生涯中，你的选择才会越来越多，投资报酬也会持续上扬。

简单一句话：职场选择的关键，不在你现在年薪多少，而是自问10年之后，你想靠什么赚钱！

摆脱职涯困境的五个方法

每当有朋友来求助职涯选择的问题时，我通常会先反问："你的长期目标是什么？"

这个问题看似平淡无奇，却有九成以上的人答不出来。这就像有人来问路，却说不清自己想去哪里，还挺伤脑筋的。人人都说工作选择很重要，但多数人也只是跟着媒体或舆论，看看接下来会流行什么产业，哪一行薪资高，就决定往哪边走，极少人真正想过自己的目的地，以及选择背后的初衷。

当对方支支吾吾时，我会追问第二个问题："那你为何从事现在的工作？"

大部分回答不外乎"因为念会计，当然进会计事务所"，或是"学工程，所以当工程师"。直到工作几年后，发现自己并不喜欢这份工作，薪资福利马马虎虎，成就感若有若无，加上人生其他层面暂无成就，于是出现"人生卡住了"的感觉。

当我们迷路的时候，应该先搞清楚自己在哪里，以及想往哪里去。但这些朋友的问题大部分都围绕在“我是不是该去读研？”“是不是该出国留学？”“去考公务员好吗？”“该考哪张证书最好？”“哪个产业最有前（钱）景？”……他们有个共同点：总觉得一定有条快速道路是自己忽略的，只要找别人问问“哪条路最好走”，换线开上去，一切问题便能迎刃而解。

可惜，这些问题全都问错方向了。

茫然与不快乐，根源绝对不是因为钱不多或是工作苦闷，也不是换条路就能一切顺利。虽然换新工作有可能会带来薪水的提升，以及进入新环境而带来的新鲜感，但几周过去，猪头老板、烦人同事、无理客户、职场政治等问题，又会让你重新陷入挫折。这就是为什么有人不断在“求职—抱怨—离职—求职”漩涡中打转的原因。

所以追根究底，把自己的方向想清楚，是无论如何都不能省略的课题！

麻烦的是，学校的教育很少鼓励我们去想“自己要什么”这种问题。只是鼓励我们追随一条众人已经规划好的路线走：读书、考试、升学。等一路走完，终于从学校毕业后，才赫然发现岔路变多了，但我们却从未学习过如何选择。

以下五个切入点，建议你试试看，能有效帮助你逐步地理解环境与自己，进而找到自己的方向：

一、迷惘的时候，就做些小型实验

所谓小型实验，是选几个你觉得有点兴趣的领域，试着做做看。无论是义工、实习、兼职的机会都尽量把握，只要能够亲身体验，就大胆试试。

常有年轻的朋友分享了心中的理想后，却不打算马上动手。原因是担心自己没有相关经验或资格，所以想花个几年先准备考证书、补足学历，甚至出国念书。这其实不是好策略！毕竟试都不试就埋头努力，你怎么知道花了时间金钱之后，自己真的会喜欢那份工作呢？

对当厨师有兴趣，首先要做的，是先进厨房试着做几道菜，或者去找餐厅的实习机会，而不是去补习班考厨师证或存钱申请蓝带学校。我知道有人会说：“我没相关技能，别人不会要我。”但我倒觉得不用那么悲观，就算没有技术也可提供劳力，大不了提议自己免费提供服务，想尽办法获得体验的机会。甚至去厨房洗碗都好，重点是贴近现场感受氛围。

如果你在上班，对其他部门的领域有兴趣，就认识一下那些部门的同事，了解他们平常做些什么。如果公司内部不存在这样的领域，就想办法找间相关的新创公司，用你的专长交换参与的机会，对方通常不会拒绝。再不然就是找间相关的非营利单位，去当义工也不错。

表面上看来，投入时间精力却没拿钱好像吃亏了，但其实赚很大！因为你免费取得体验的机会，可以亲身验证自己的爱好是否值得长期投入。短短的尝试，换来一生方向的确立，绝对是值得的！

二、除非很笃定，否则别念太多书

大部分人选科系，是因为分数刚好到达，或是小时候对该领域有莫名的憧憬。可是等我们真的进入那环境，却常发现理想与现实存在着极大的落差！

越早进入社会体验，越有机会思考自己的未来。最怕一路念完硕士博士，然后才发现读了七八年的东西其实不是自己要的，真的很惨。这时候要放弃过往的投资会不甘心，继续做自己不爱的事又很痛苦。有些人就在这样的纠葛中，一路混到了中老年，情何以堪。

与其累积知识或资格，不如尽快上战场，面对真实社会，好好历练一番。搞清楚自己要什么之后，未来再加码投资在学历上也不迟！

三、实在不喜欢，绝对不要硬撑

如果一份工作让你感到痛苦，每天早上想到要上班就难受，时钟一到五点心情就雀跃起来。无论是因为讨厌环境中的人，不习惯文化，或是工作本身不合意，都请开始思考转换跑道吧！

多数人会用各种理由说服自己，或因为需要这份薪水而硬撑。但除非这薪水真的高到不可思议，不然硬撑其实也撑不了多久，终有一天会因为压抑而辞职。花在不喜欢的工作的时间越多，自我探索的时间就越少，也把离职时间往后推延越久。当离职时间越往后，找到快乐工作的概率也就会随之降低，等于让自己逐渐提高彻底卡死的概率。别忘了，时间是人生赛局中最珍贵的资源！

四、不确定是否喜欢时，请多试一会儿

上述第三点，可不是鼓吹大家稍有不顺就换工作。我要强调的是：若对某份工作感到痛苦，别以为久了就会习惯，通常只会越来越难受。等忍受到一个临界点才做决定，往往有欠深思，冲动下的决策也通常会令你走向懊悔之路。

可是，如果这份工作没有很讨厌，但也没有很有趣，我反倒会建议你应该尝试久一点。因为成就感就像好酒，需要时间酝酿。等到我们技术熟练，能独当一面，创造出价值后，香气才会逐渐浮现。若这份工作你不讨厌也不喜欢，不妨先让自己累积实力，提升熟练度。极有可能在投入一阵子后，突然发现自己喜欢上这件事情了。许多学音乐的人告诉我，当他们彻底熟练一首曲子之后，才开始感受到音乐的美妙！

五、人生像衣服，定做的才贴身

我发现越是迷惑的人，越期待一个简单、现成、大众化的答案：

“我觉得工作很辛苦，去考公务员会轻松些吗？”“现在 APP 很红，我该去学计算机程序吗？”“我想当项目经理，去考证是捷径吗？”

我得说，人生的路其实是靠自己走出来的，当中并不存在一条可以睡到终点的高铁轨道。别人开好的路不是没有，只是等你踏上去之后就会发现，通常都是堵塞的高速公路。所以你就得在别人开好的路上耐着性子等待，排队，付过路费，玩着别人的游戏慢慢晋级。不然就是得花些工夫研究，找出自己的优势与动机，走一条跟别人不相同的路。虽然后者看似辛苦，但长期而言，这才是真正轻松的路。

结论

从今天起，请好好探查一下自己的长期人生目标。就算暂时不知道也没关系，挑几件有兴趣的事情，找出成本最小的体验方式。多做几次尝试，持续下去，最终一定会找出答案的！

上班也好，创业也罢，独立存活才是关键！

近年来“大创业潮”席卷全球，除了政府鼓励年轻人创业，民间也出现各类资源，像是育成中心、孵化器、共同工作空间等。越来越多的年轻人想透过创投、政府补助与募资平台筹措资金。在全球资金泛滥的情况下，确实有不少新创团队获得了风投的资金。

不过越来越多的声音提醒我们：好日子不会永远持续，创业大梦的资金泡沫总有一天会破灭。尤其 2000 年网络泡沫、2008 年金融海啸还殷鉴不远，这段资金热潮来得虽猛，但总有退潮的一天，谁也无法保证何时会再出现一场腥风血雨。所以许多年长的经营者呼吁：“不应该过度鼓励年轻人出来创业！”毕竟不是人人都有经营的才干，若让大家误以为创业很容易，是一件很不负责任的事。

虽然我对创业风潮能持续多久保持观望的态度，但有件事情是可以确定的：从 18 世纪工业革命兴起的雇员制度，之后应该会逐步式微。当然，这不是说日后没有公司要雇用员工，而是雇员这个角色，尤其是白领阶层，跟过去的认知将大不相同。我预估未来在职场上会出现几种趋势：

1. 产品的生命周期将越来越短，公司很可能方向会时常变动。所以雇员在同一部门（甚至同一公司）做到退休几乎成为传说。

2. 只熟悉单一技能或业务的人，在职场上将面临极高的风险。

3. 全球化与学历贬值加剧了职场竞争，若无法凸显差异个人将很难生存。

4. 薪资呈M型化分布。突出的人薪资极高，反之极低。加上人工智能与机器人技术突飞猛进，企业雇用的人力将越来越少。

5. 终生雇用彻底消失。“铁饭碗”将取决于你是否拥有高价值技能以及对新事物的掌握能力。

世界的步调变化极快。如果想在接下来的时代站稳脚步，我建议：你未必需要创业，但你得理解，无论是念书、进大公司、进小公司、进新创团队，还是选择创业，都该培养自己成为一个“能独立运作的专业工作者”。若你的工作只是大型组织繁复流程中的一小段任务，或仅仅扮演一颗大机械中的小螺钉，一旦环境发生改变，你将会是最先遭遇风险的人。

在未来，我建议你该在职场中训练自己成为以下四种角色之一，才能在这个时代稳健存活下去。

一、投资者

投资某个事业以获取盈余收入的角色。例如手上有笔钱，能够买房子当包租公，或是买股票领股利，这是一条可以确实安稳过活的路。不过，这条路需要资金充裕，所以多数人往往要到人生中后期才能达到这个选项。这不是年轻人可以轻易达到的目标，但不表示你不该花些时间了解怎么投资，以及了解金融市场怎么运作，并把这当成你的长期目标。

二、企业主

经营事业的角色。这可以是小洗衣店的老板，也可以是大公司的董事长。你若经营一个自己的事业，让市场来支撑你的梦想，维持周转、养活员工，就是这个类型的存活方式。

三、自雇者

没有资金，又不擅长跟团队共事的人，则可以考虑成为专门技术的自雇者，例如律师、医生、会计师等，贩售专长与时间。你未必有能力经营一个事业，但至少你会某种技能，可以靠提供这个技能（或时间）来存活。

四、专业明星

类似明星球员的概念。由于具备特殊的技能与经验，在法律定义上虽然是公司雇员，也领公司薪水，但处在“待价而沽”的状态，与公司的关系对等。如果公司无法提供合理的报偿，随时可以与其他公司合作，甚至独立成为“自雇者”。

结论

如果这四个身分对你而言很难选择，那我给你个简单的建议。面对多变的未来，“创业”只是生存的选项之一，并非绝对。除非你已经有创业的想法与资金，否则不妨从当个上班族开始，先培养某项完整的专长与独立解决问题的能力，并与企业达成一种平等互惠的合作关系。然后逐渐扩大服务范围，找出需要你服务的市场，降低对单一公司的依赖度，这时候便有机会成为“自雇者”。等自雇者的角色站稳后，就可以尝试创业，往“企业主”之路迈进。待手上累积一定资产时，再将资产投资到能产生被动收入的事业上。只要朝着这个方向迈进，你在未来的存活率一定会越来越高。

遇到责任灰色地带，该撇清责任还是多做一点？

下班后的餐厅与酒馆中，我们常常看到上班族们齐聚闲聊。聊的话题不外乎办公室的种种，其中对职场生活的抱怨又占了话题的大宗。开始写职场文章的这几年，也陆陆续续接收了不少读友们的苦水，我从中归纳出一件有趣的事实：职场里抱怨最深的人，其实来自于某个特定族群！

薪资最低的族群吗？不是。是工作压力最大的一群？也不是。与老板同事处不来的人？依然不是。这群心有不甘，极度愤恨的人，往往是那些很努力尽到本分，工作表现不俗，却不被老板认同的人！这些年来，我觉得心里最苦的员工，就是来自这个族群。

他们很像职场中的“莱昂纳多·迪卡普里奥”：每部作品表现都不俗，也受到观众的喜爱，但付出多年，心心念念的那座奥斯卡奖（也就是老板的重用与认同）却总是颁给别人。每次精心准备的获奖致辞，总是无法派上用场。明明是位十分称职优秀的员工啊！这到底是怎么回事？

相较于公司里那些混日子的人，职场莱昂纳多实在优秀太多了。他们非常敬业，更别说责任感，做事情总是细心踏实，少有错误，说他们是 100 分员工也不为过（连老板也不否认这点）。当公司有重要项目或职位释出，职场莱昂纳多一定入围，但绝对不会得奖。反倒是平常表现 80 分上下的员工（表示工作表现不尽完美），反而能在这关键时刻胜出。这到底是为什么？

其实我也一直没搞懂。直到有次整理相片，看到与前同事的合照，才突然想通了一些事情！我觉得症结在于：这些充满怨念的人，太喜欢“划线”！说个例子你就懂了。

我在国外工作时，有位工程师前辈跟我不错。他能力非常强，人也很随和，但我很纳闷为何他的年纪比我大十多岁，却仍在基层打滚。直到后来我自己升上主管，开始交办任务给他时，才恍然大悟。

每次给他任务时，我习惯花较多时间解释背后的原委，相信这会对他的工作有所帮助（这也是其他老外主管的做法）。但我发现，在礼貌地听完我的陈述之后，他往往迫不及待地问我：这个任务的输入（我提供给他的资料）与输出（他该有的产出）是什么。提出这个虽然无可厚非，但我们是一个顾问团队，常常要解决很抽象复杂的问题，有时很难定义明确的 Input 与 Output。身为主管，我希望能借用他的专业经验，告诉我怎么做最好。于是我花更多时间解释整件事背后的缘起与目的，最后他受不了了，就说：“经理，我必须知道明确的任务定义，否则我无法开始工作。”于是我只好摸摸鼻子，去寻求其他同事的意见。

凭良心讲，我不能说这位前辈有错！因为我是主管，把工作厘清再交给成员，原本就是我的责任。但我想说的是：一接到任务，就习惯性把“主管责任”与“我的责任”划清界限的心态，困住的其实往往是自己。

我在《寻找天赋与热情的系统化做法》演讲中大力强调，工业革命时代留下来的“线性思维”，是阻碍我们自由思考的最大障碍！父母师长常提醒我们，要克尽“本分”，扮演好自己的“角色”。话是没错，但在这个网络时代，谁能说清楚“本分”的范围？谁又能清楚定义每一个“角色”呢？除非你在非常传统的工厂当作业员，每天做着可以被机械人或其他人取代的工作（本分与角色都清楚到不行），否则，能否帮助大家解决问题，才是最重要的价值！

每次接到任务就立刻划分楚河汉界的心态，是导致员工心理不平衡的主因。当事人把工夫花在厘清自己的工作范围与责任，试图在这块明确的领域中做到 100 分，便觉得自己尽到了责任。看看别的同事，有些人的“本分工作”乍看只做到 70 分，殊不知这些 70 分同事的重点，可能根本不限于自己的“守备区域”而已，而是试着做些范围外的努力，看能不能帮团队得分。难怪当70分的同事受到老板重用，获得晋升时，这些100分的人会感到困惑，甚至愤怒与不平。（通常会用对方“拍马屁”或“玩政治”作为合理化的解释！）

只在乎个人是否尽责的员工，绝对称不上专业！就像打棒球一样，输赢都以团队为依归。如果某人输球后就跳出来划清界线：“嘿各位，虽然我们输了，但我想让你们知道，在下负责的三垒可是毫无缺陷喔！”这人或许还会被留在队上，但我相信，他绝对不会成为团队依赖的主角！

一个真正的团队工作者在接获工作时，心里想的不是象棋的楚河汉界，而是更像围棋的思维。他不会把功夫用在厘清本身的工作范围，而是思考如何帮助团队，解决共同面临的挑战。他不会急着划线，而是画圆，以全局的视界进行思考。

爱“划线”的员工，往往还会遭遇另一个问题，虽然有点衰，但某种程度也是自找的：他们在自己的工作领域内常常做到100分，成为他们“唯一”的价值所在。哪天出了点小失误，只达到90分，纵使还是胜过其他80分的同事，但就会被主管质疑能力！遇到这种事情，他们会气得要死，觉得这世界真是太不公平了！老板要骂也该骂那些80分以下的，可恶，我以后干脆只做60分算了！这种抱怨我听太多了，通常只是气话，回去后他们还是一样“划界线”“尽本分”。因为他们心里也知道，这是自己唯一擅长、也唯一能带来安全感的事，因为他们绝对不会跨出自己划的那条界线。

上面的状况，有当过工具人的男生（或驯养过工具人的女生）一定很明白，基本上就是“用心”跟“用力”的差别。工具人天天送夜宵，里面还附上手做卡片，哪天妹子好朋友报到，只不过饮料忘记去冰，说不定就直接出局！懂得用心的高手，不随便出招，哪天看到妹子秀眉紧蹙，放颗预藏的巧克力在她桌上，一句“喏，拿去”，就算巧克力没化，妹子心也都融了！工作与恋爱相似的地方就在于：巧劲远比蛮力有效！

在职场上，我们多多少少会进入同事间责任的灰色地带。与其花费心思厘清责任，甚至推给其他单位，不如多用点心，想想老板真正需要的是什么？工作有点像是养宠物：一个真正爱狗爱猫的人，绝对不会以“我有给食物、也有清理便便喔”就觉得够了。他们会陪宠物玩耍，会关心宠物的身体健康，甚至试着了解它们的心情，毕竟做不到这些，养宠物又有何意义呢？干脆养鸡鸭还比较营养。所以，请绝对不要把这些“超出本分”的付出当作浪费。宠物也好，工作也罢，最终你一定会获得真实的反馈。你看，莱昂纳多最后不就得奖了吗？

新主管空降而来，我有什么选择？

“这么无能，为什么可以空降当主管？专业完全不行，要官腔倒是一流，难道大老板看不出来？如果高层不赶紧处理，继续让他带领我们的话，我只好离开了。”一位在知名企业任职的朋友，在餐厅里向我大吐苦水。

“你原来的主管呢？”我问他。

“前主管工作能力非常强，把团队带得很好，所以升官了。但升职后不带人，权力反倒没有以前大。”他怅然若失地回答着。

我继续问道：“那么新主管上任多久了？上任后部门表现如何？”

“上任快一年啦！他真的很烂，不帮忙就算了，还惹毛客户，都是靠我们下面的人努力才挽回局面，结果今年部门绩效反倒比去年还好，真让他占了便宜！”朋友说完，气愤地咀嚼着食物。

明明是表现优异的企业，大老板竟然空降一位“笨蛋”来当主管？这种事在职场上层出不穷。多数上班族对此情势多半会有以下直觉反应：

直觉一：新主管一定很会拍马屁，或者跟大老板有关系才会这样。结论——新主管是猪头，大老板是神猪头！

直觉二：新主管一定是个双面人，大老板被他的花言巧语唬了，以为他有实力，做了错误的判断。结论——新主管是狡猾的狐狸，大老板被当傻子！

直觉三：高阶主管间的人际关系与我无关，反正掌权者都是一个样。现在这家公司很难做事，我不想干了！

以上直觉反应未必是错。但我建议读者，把公司的局势当成一个思考练习，试着把拼图还原全貌。你也可以想想以下几个盲点：

盲点一：新主管或大老板的职场历练比我们久。有没有可能他们不笨，只是在玩一个我们看不懂的游戏？

盲点二：新主管的无能既然那么明显，为何还能被挖角空降？是否有我们看不到的强项？

盲点三：换上无能主管，部门绩效应该很快变差才对，但结果为什么正好相反？

盲点四：前主管的优秀有目共睹，为何升职后反倒没有直接带领团队，扩大权力？

“局”的思考方式有个特点，就是强调“凡存在必有原因”。对于现况，先不做道德批判，而是以旁观者的角度来拆解因果关系，并且从中找到我们自己的生存之道!

可惜从小我们就生长在一个“二元论”的世界，善恶分明，非黑即白。历史一定有我族与外族；戏剧一定有正派与反派；连卡通形象都有好人与坏人之分。这样长大的我们进了公司，自然觉得企业里也有正义与邪恶的一方。我每天老老实实辛勤工作当然是好人，而那些靠一张嘴坐领高薪的主管就是坏人。但每次遇到职场难题，就一味地把原因归咎于对方不公不义，这样自己非但不会成长，而且换再多工作也是浪费时间，因为还是会遇到一样的问题。

请各位暂且排除“所有主管都是白痴或坏蛋”的假设，一起来看看这局还有什么其他可能性？但要理解这部分，首先我们得把自己的利益放一边。人是大老板找来的，我们先看看大老板会怎么想!

以员工的角度，总认为工作能力越强，带来生意越多，对公司越有利。所以能力强的前主管被架空，换个能力差的新主管，整件事情就是不合理。不是大老板痴呆，就是嫉妒前主管功高震主。但这样的思考都基于一个错误的假设，以为公司首要之务是成长与获利！根据我这些年近距离观察经营者的发现，“如何让公司安全生存下来”可能才是老板们心中最重要的事情。

这些老板经营公司，就像参加龙舟比赛一样，最终目的是要赢过其他龙舟（公司）没错，但实际上的操作，不是光叫每位水手拼命划船就好，而是要不断平衡与微调，才能让船直线前进。如果船两边的力量相差太多，船会走得歪歪扭扭，甚至撞上石头而翻覆，更别提率先夺标了。

理想情况，当然是依据力量，将水手平均分配在船的两侧，但实际上这是不可能的任务。组织成员形形色色，能力参差不齐，所以老板得花很多心力平衡力道，但这些事情员工未必看得到。假设今天船上来了一位“浩克级”的怪物，随便一划就抵得上 20 人的力量，请问这艘船会赢还是原地打转？对于工作能力强的浩克级主管来说，他会积极地提出各式方案，鼓动老板从事更激进与冒险的业务，这样才能充分发挥个人能力，但老板却会担心这艘船会失去控制。这里就产生了风险不对等的状况：对浩克来说，冒险的代价较低，若提案失败，大不了离职再找工作便是；但对老板来说，过度激进造成的风险，会让公司毁于一旦，牵涉投资人与诸多员工的生计，这可不是重开就能解决的问题！

根据我当企业顾问多年，与高阶主管相处的经验，不少大老板的做法是：暂时限制浩克的能力，派驻一些比较温和、甚至有抑制作用的“缓冲垫”上场。回到龙舟的比喻，大老板可能会把浩克的桨换成苍蝇拍（降低权力），或是在浩克那一侧安排几个比较弱的水手（案例中的新任主管），抵销浩克的神力。这样船的左右两边力量才会平衡，得以直线前进。这也是为什么旧主管离开，新主管上任，公司业绩未受影响的原因。

那为什么不把浩克直接换掉？首先，浩克是人才，落入别人手中会变成威胁。其次，大老板希望浩克自我成长，不要一味地展现神力，而是学会控制力道，与一般凡人合作。第三，可以让浩克担任独立新创事业的头，在风险控制下，为公司杀出一条新路！

所以看似无能的新主管，很有可能是高层合理的布局，扮演“缓冲者”的角色。

现在回到我们员工的角度，在这个局里，我们该如何安身立命？我的看法是：与其情绪化地批判，或是意气用事离职，不如透过自己的专业让他依赖你，最后甚至取而代之！

往好处想，新主管专业度不够，正是你表现的机会。你可以尽量帮他准备所有对上级报告的材料，甚至连投影片、报表都准备好，让他彻底依赖你；你也能趁机做好当主管的准备。别以为高层都是笨蛋，既然新主管被界定为“缓冲人才”，功劳自然会落到你头上。等公司达成权力平衡后，你绝对会出现在晋升名单中。

另外要注意一点：别去激化其他同事对新主管的不满。大老板此时最在意的是权力平衡，如果你的团队和新主管产生冲撞，那就违背了大老板对于“安全”的渴望。别自以为平常功劳很大，工作表现一流，搞懂大老板此时的目标才是重点！

其实组织里面，原本就没什么好人坏人，大家只是基于各自的立场，做出认为最合理的决策。危机就是转机，看似麻烦的主管，其实正好给你一个绝佳的机会。企业选择接班人，并非选最有产值的员工来当主管，而是将已经具备管理思维的员工“扶正”而已。这一切心态的转变，都来自于你能否看懂职场这个“局”，再做出长期有利于自己的选择。

对工作感到厌倦时，除了离职还有什么选择？

虽然没有明确的统计数字，但我相信职场上真正热爱工作，以及极度痛恨工作的人，只占一小部分。更多的上班族是介于中间：对现在的工作谈不上热情，但也不至于很讨厌，反正就是一份工作嘛！

但人其实是很容易厌倦的一种生物！除非有很强烈的动机在背后驱策，否则朝九晚五的日子时间长了，难免会感到厌烦。遇到这样的状况，说“离职”似乎太沉重，毕竟对现有的工作还存在着依恋，而且也难保换了新工作，不会出现一样的倦怠感。但长期低潮下来，也确实让人很无力。这该如何是好？

其实就拿我自己来说，目前身兼讲师、顾问、作家与主持人数职，让我感到前所未有的自由度与成就感，说是梦幻工作也不为过。但即便如此，偶尔还是会对工作感到一丝厌烦与无力。明明有许多报告没交，却在计算机前面上网两三个小时毫无产出，或是一边做一边感到痛苦，这也是有的。

以前我对这样的现象很困扰，甚至怀疑这是不是我真正想要的工作。但我现在有了新的想法：人原本就是情绪的动物，我们的心情有高低起伏，不必为了暂时的低潮就怀疑自己的决定。况且每个人的工作内容，其实是由多种不同的小任务所组成，就算大方向是我们热爱的，但也难保每个小任务都合我们的意。就像一个学生无论多喜欢他的学校，也不代表每门课他都喜欢。我们对一个人的看法也是，对方的优点再多再好，也难免有些缺点我们必须忽视或接受。

那么在工作上遇到那些不甚喜爱、却不得不做的任务，有没有什么好方法面对呢？我想提供两个私房招数给大家参考："飞机喂食法"与"筷子叠叠乐"。

有次看到一位奶奶喂孙子吃饭，我体悟到了自我管理的哲学：调皮的小鬼头不好好吃饭，看到汤匙就把头撇开。这时奶奶都会使出千古流传的一招：飞机喂食法！她们会先用汤匙舀一口饭菜，把它当成飞机，然后用夸张的声音对小孩说："喔！你看看，飞机要来啦！咻——"然后原本不想吃饭的小孩，会兴奋地张开嘴巴，奶奶就趁机把汤匙塞进口里！说也奇怪，原本小孩恨之入骨的菠菜萝卜泥就这样吞进去了，有时候还要求再来一口呢！

挺好笑的吧！但这就是人有趣的地方。虽然是苦差事，但只要加上一点想象力与变化，感受就会截然不同！

举个我自己的例子：以前当工程师的时候，我很讨厌写结构计算书（一种验证结构安全的技术文件），每次都觉得超痛苦。但我知道这是很重要的一环，不做不行，那怎么办呢？后来我想了一个办法，因为我对制作 Excel 试算表很有兴趣，所以每次做计算书时，我都尽量用 Excel 来完成。我会设定一堆自动化的公式，把一些重复用到的计算给模块化。用事先设定好的模块拼成一份计算书，只要输入关键数字，计算书就自动完成。如果遇到新的案子，我就很高兴地设计一个新的试算表。于是原本很讨厌的工作，反倒成了我的玩乐时间。后来我把这份自动化的计算书分享给我的同事们，大获好评，也受到主管的称赞！

以上就是“飞机喂食法”。那什么是“筷子叠叠乐”？这牵涉到一段感人的跨海恋情……

以前在工地工作的时候，某次经过外籍劳动者的宿舍，看到有个泰国籍的劳动者把很多免洗筷叠起来做了一个像盒子一样的东西。我因为好奇就问他那是什么？他腼腆地说，有个女友在泰国等他，在台湾的工期结束后就会回泰国完婚。为了让等待不那么痛苦，他把每天吃便当用的免洗筷子清洗后累积起来，做成木盒子，等这个盒子差不多完成，也就是他回家成亲的时候。看着这件作品一天天成形，当下的辛苦也变成一种幸福的期待。

我自己也会用类似的方法。像我虽然挺喜欢去企业授课，但有时候案子太多，也会有倦怠的时候。我的做法是统计上课时数与学员人数，当看到数字从100小时、200小时，学员从500人、1000人逐步攀升时，就会燃起一种成就感，体会到自己并不是瞎忙，而是朝有意义的目标挺进，这时工作的情绪也会重新点燃！

如果你确定很讨厌现在的工作，每天上班都很痛苦，那我会劝你珍惜生命，花些时间找寻你的天赋与热情，这绝对是最值得的人生投资。但若只是偶尔对工作感到厌倦，不妨试试上面这两个方法，将自己的工作情绪调整到最佳状态！

职场卡关时，壮游是个好选择吗？

欧美的年轻人常在离开学校时，或者工作一段时间后，辞掉工作，空出一年的时间，到一个不熟悉的地方背包旅行或打工，借此重新定位自己的人生，也就是 Gap Year。近年来这股风潮吹向了台湾，不少年轻人也向往自己能来场“壮游”。

我认为这样的概念是不错的。有位美国同事告诉我，他大学毕业后对人生很茫然，无所适从。于是像贾伯斯一样，跑去印度壮游一年。在那里他目睹成千上万的印度人，因为缺乏干净的饮水，衍生出许多疾病。于是他回到美国后，决定研究水处理的技术，立志要为人类提供干净的水源，整个就是超级励志的故事！

至于我自己，虽没有过 Gap Year，但确实有几次 Gap Month 的经验！第一次是在硕士毕业、等当兵的那段时间，我主动向指导教授争取到一个机会，到美国的学术研讨会上发表论文。因为当时役男有限制出境的规定，能用学术的名义出国，对我是个难得的机会。后来我在美国西岸待了一个多月，拜访了几位亲友。那是我第一次出国，也留下很棒的回忆！

第二次经验则是在美国读完硕士后，趁开始工作之前，在北美游历了一段时间，花了将近一个月待在温哥华，与定居当地的朋友度过了一段愉快的时光。

这两段经历对我人生的最大贡献，其实是拓展了自信与眼界。第一段经验是我第一次出国，20 出头的我发现原来自己一人也能在美国到处游历，增加了不少自信，也对后来出国留学与工作打下了心理基础。至于在温哥华那次，则是对当地华人的生活有了更深一层的认识。在当地我结识了几位台湾去的小留学生，虽然长住那里英文却不太灵光（还要我帮忙点菜），整天逃课（每天都出来陪我玩），却开着跑车到处把妹闲晃。当时我就得到两个结论：第一，家里有钱未必是福；第二，我若有小孩，绝对不单独送他们出国。

当然，能够不用工作，出国历练，是有一些前提条件的。

第一，最大的关键就是“钱”。当时我只是口袋空空的学生，如果没有爸妈赞助，以及当地亲友提供的住宿与招待，是不可能成行的。即便如此，我也只待了一个多月就回了台湾。

第二，收获是有的，但未必对职场有明显助益。两次 Gap Month 都发生在我的待业期，因为也还没找到新工作。但对一般上班族来说，如果大胆离职来个 Gap Year，耍帅结束后却还是得认命做一样、甚至更差的工作，那真是情何以堪！

第三，有读者可能觉得这两段经历跟“出国玩一个月”没啥两样。没错，我是去玩，不用工作，没有责任，纯粹游历。所以我获得的启发，也就是获得独自在异国生存的自信，还有了解当地风土民情。这两项目的，只要请个假出国去自助旅行几天，也可以达到！

基于以上三点，我想跟上班族说的是：如果你对自己失去信心，对生涯感到迷惘，对工作产生厌倦，与其存钱出国漫无目的地游玩，不如安排一段不一样的 Gap Year，为职涯“重新开机”。但我建议这段 Gap Year 必须达到以下三个目标，分别是：财务要自给自足、对职场发展要有帮助、承担责任而非恣意游玩！

说穿了，就是暂时放下正职去“打工”。在收入过得去的前提下（但一定要有收入，稍后提及），试着做些你一直想尝试，或者与学习经历背景完全无关的“基层工作”，这样能帮助你重新体会“工作”的意义和本质，甚至“巧遇”天赋与热情。重点是，维持自给自足的状态！

与两次的国外 Gap Month 相比，我的短暂打工经验，其实为我的职场发展带来更多的启发。多年后的今天，仍深深受益。

多年前我帮助一位长辈，将整座工厂搬迁。我的工作是将残留设备整理过后，再搬运到货车上。当时印象最深的是，将好几台跟我差不多高的工厂用风扇搬到货车上。一整天下来简直累毙了，不但满身油污，还有好几处刮伤流血。回家后我没洗澡，倒头就睡，但我超级开心，因为我赚到人生的第一个500元！

这次打工经验给我的震撼很强，除了发现钱不好赚之外，更体会到“工作就是要弄脏手”这件事。在办公室待久了，我们很容易误以为光靠计算机与会议室就能完成所有工作。但世上大多数的事物，仍需要我们卷起袖子、滴下汗水才能成就。这件事，一直到我当上管理顾问后，仍时时刻刻提醒自己。我会要求客户带我去看生产线，带我去工地，因为我需要回归工作本质的感觉，而不是纸上谈兵！

第二次打工经验，我在一家建设公司当助理。白天跟在老板后面视察建案，看许多精美的装潢与设计。但回到办公室后，反差非常大，我必须把密密麻麻的工程图摊开，一个一个数钢筋有几根，瓷砖有几块，这样才能估算建材成本。我念的是土木系，班上不少同学觉得念建筑系比较帅，整天背着单反拍照、素描、做模型什么的，纷纷想转系。但这份打工让我知道，光鲜亮丽的工作背后，必定有烦琐无趣的一面。很多人只靠表面印象就做了选择，但伴随的往往是失落与后悔。

第三次打工是在美国，我帮表哥在他的高尔夫球具店短暂地看店，也是我的零售业初体验！虽然只有短短几小时，但我超级紧张，很怕有美国人进来问我产品，那我就糗了！没想到，表哥一离开，就进来一位亚洲脸孔的大叔，我微笑上前，他看了我一眼，突然跟我讲起闽南语！因为感到意外，也因为紧张，我竟没听懂他讲什么。于是被大叔训了一顿，说台湾团仔不讲闽南语怎么行。我也不知道该怎么办，就只好跟大叔说，不然你教我怎么讲。没想到这位大叔兴致一来，就开始跟我用闽南语对话，还告诉我高尔夫的铁杆木杆这些知识。聊了好久，中间有美国人来逛时，他还主动帮我招呼。我表哥回来后，这位大叔就跟我表哥说你这新店员不错（啥？我什么都没做啊），然后买了一堆他要的东西走了。

你说这段经历对我未来的工作有无帮助？当然有啊！我学到的第一件事，就是别对客户预设立场，他们有各式各样你想象不到的背景与需求，别将他们一视同仁。第二，成功的销售不在于销售员自己有多厉害，而在于让客户觉得他们很厉害。客户自信提高后，自然会给你想要的反馈！

第四段经验，或许不算打工，但也值得一提。有一年社区办跳蚤市集，大家把不要的东西拿到中庭拍卖或交换。我家也摆了一摊，而且我还莫名成了当天的销售王！不但把自己摊位的东西卖光，邻居小朋友见状还把他的玩具拿来我的摊位寄卖，最后整个市集只有我的摊位前面挤满人，而且充满笑声。整件事情现在想起来都很爆笑！

话说一开始，逛的人很多，买的人很少，毕竟是跳蚤市场，拿出来的都是杂物旧货。但到了下午我渐渐发现，会场上出现很多外佣，大概是家事忙完了出来逛逛。她们逛摊位时的眼神，让我觉得这群人才是真正的买家。为了赶紧把存货销出去，我做了一些调整：首先，我把每项产品大大地写上标价，让他们一目了然，不用害羞地说中文询问。第二，我主动用英文跟他们交谈，甚至问她们的名字，跟她们闲聊。如果有人拿起货品犹豫不决，我不会降价，但我说如果你买，我就多送你一个喜欢的东西，自己挑！结果就靠这招让整个场子热起来。除了老板亲切帅气，价格划算，赠品还不限量，于是我成为“第一个打入东协的台湾旧货商”，摊位瞬间被外佣挤爆，当然商品很快就空了。隔壁的小弟看到后十分震惊，马上把玩具和他爸爸的高尔夫球放到我的摊位上寄卖！

我是个工程师，之前从没卖过东西，所以通过这件事我学到的可多了！外语很重要是其一，产品的定价与促销、与客户的亲切闲聊都是销售的关键。但最重要的是：一旦你能了解特定客户层，取得客户信任，其他厂商都会愿意来跟你合作（就像那位寄卖小弟）。

这些打工的经验，乍看之下与正职的关联不大，但却对我的工作哲学带来深远的影响。在职场十多年我的感受是，工作的本质其实非常单纯，那就是：“透过帮助他人，换取生活所需，彰显自我价值。”这是一个持续不断的循环，当你自己的价值凸显了，就会有更多机会帮助别人，助人后取得报酬，获得成就感，进而又彰显出自我价值（这是为何强调要有收入的原因，因为这才是工作的本质）。

但我们工作久了，难免会忘记工作最原始的意义。我们想要社会的肯定，希望公司分红配股，想着办公室政治，越想越烦，越想越迷失，进而怀疑自己朝九晚五的意义，缅怀早已消逝的热情，离工作的本质越来越远。这时唯有“重新开机”，才能让我们回归最原始的设定！

“重新开机”并不是放下工作，出去大玩特玩，那是逃避，最终还是得回来面对工作。我们该做的是利用下班时间（或待业时期），花几星期或几个月的时间，去当店员、当服务生、当工厂助理，最好直接接触顾客，直接做产品生产的基层工作，可以的话，最好与原本的工作相异，并且与你的兴趣相符。透过最简单的劳动，感受客户的温度，触摸真实产品，借此赚取酬劳，获得成就感，找回工作最原始的美好！

厌倦工作在所难免，我的建议是：给自己一个机会，找一个帮助你回归工作本质的兼差或短期工作，让自己重新掌握工作充实感。在收入不中断的状况下，说不定你会重新燃起热情，找到自己新的天赋。我认为这才是大人版的壮游！

跳槽是为了追寻理想，还是为了逃避？

我成为职场作家后，来询问跳槽问题的朋友也多了起来。面对这类问题，我有个标准操作程序：首先，我会先专心听完对方的陈述，然后反问对方换工作的动机是什么（第一个问题）；了解动机之后，再将动机细分为两类：是“逃”或是“追”。

如果对方的跳槽动机像下面这样，就是“逃”的动机：

“我现在的公司有 X、Y、Z 等问题，让我充满无力感。我受够了，所以决定去另一间公司！”

至于“追”的动机，则是像这个样子：

“我在这间公司已经得到了 A 跟 B，但是想要的 C 这里却没有，所以打算去另一间公司！”

说到这里，各位不妨猜猜看：在我接触过的案例中，想“逃走”跟想“追寻”的比例各是多少？

我可以告诉你，大概是九比一。多数人离职是在逃避他不喜欢的东西，很少人是出自于个人的追寻。这也就是为什么当我问出第二个问题："你期待从职场中获得什么？"对方常常一下哑口无言，或开始低头沉思的原因。

当遇到危险或令人不悦的事情，"逃开"通常是大脑的第一直觉，这也无可厚非。远古时代的祖先遇到森林大火若不懂逃跑，我们也不会活在地球上了。但有趣的是，总有几个勇敢的祖先，愿意冒险再回去火场探勘，于是发现了"火＋兔子＝烤兔肉"还有"火＋土地＝肥沃土地"的契机，人类才因此有了文明，主宰了地球。其实逃避这件事本身还好，"一味逃避"才是个问题。当逃开不想要的东西后，我们能够从过程中获得什么？这才是让我们成长与进化的关键。

回头看跳槽这件事。为什么有人会不断地换工作，却又不断地抱怨？主要的原因在于，他们的跳槽都是基于"逃避驱动"：远离猪头老板、逃避烦人同事、摆脱麻烦客人、脱离夕阳产业……却从未认真想过自己到底在"追寻"什么。所以好不容易摆脱了烂老板，结果新工作却出现烂客户；逃离了烂客户，却又掉进烂产业；逃离烂产业，老板、客户、同事也都过关，却要整天加班赶订单，于是再度抱怨，那不是自己要的生活。像这样的循环，理论上要等到"完美的工作"出现才会停止。但我担心的是——这天永远不会到来。就算来了，恐怕还是会抱怨这份工作没有挑战，好无聊！

说起来，以"逃避"作为驱动力的跳槽，其实是一场"扣分赛局"：

当事人把心中理想的工作设定为100分，只要看到不满的地方就开始倒扣。但这是一个永远无法令人满意的游戏，因为一份看似完美的新工作，真正踏进去用放大镜观察后，一定会发现更多缺点。所以每个选择最终都会不尽如人意，当事人将不断继续追寻根本不存在的100分，直到自己不再有任何选择能力为止。

相反地，以“追寻”当成驱动力的跳槽者，首先能够认清“没有完美的工作，只有适合的工作”，然后对“自己想要什么”这件事下功夫。他会将职场视为一个“加分游戏”：初入社会时或许分数很低，但一路上只要稳健地达成一个个小目标，就能一点一滴地加分。面临跳槽时，他会在意的是新工作能否带来新的体验、达成新的目标。如此一来，只要就职后能获得当初期待的好处，就算是加分。这时职场上难以避免的小缺陷，也就没那么重要了。

如果你正在面临跳槽的选择，我会建议你不妨先静下心，花个30分钟，拿起纸笔，分别列出“想避开的旧困扰”以及“想追寻的新目标”，项目越多越好，内容越明确越佳。然后评估一下，这次跳槽是“逃避驱动”，还是“追寻驱动”？我认为，想“追寻”的东西至少要比想“逃避”的东西更多才行。否则一不小心，很容易就会掉入不断逃避的轮回当中。

庄子曾经说过一个故事：有个人很害怕自己的影子跟脚印，为了摆脱它们所以选择逃跑。结果跑得越快，影子也跟得越快，地上的脚印也越来越多，让他更加发足狂奔，最后终于过劳而死。这人根本不知道只要躲在树下，影子就会消失；只要能好好坐着，就不会有脚印了！（本段原文出自《庄子 · 渔父》：人有畏影恶迹而去之走者，举足愈数而迹愈多，走愈疾而影不离身，自以为尚迟，疾走不休，绝力而死。不知处阴以休影，处静以息迹，愚亦甚矣！）这寓言的主人翁虽然听起来很白痴，但职场上还真有不少人是这样逃避工作的！

关于工作的去留，往往没有“该”或“不该”这种标准答案，而是要看每个人的心态，以及有没有仔细思考过自己想要什么。如果只是单纯想逃避眼前的困境，都只会让自己无法继续成长，而且这困境还会重复出现，不可不慎！

如何选择正确的跳槽时机

春节期间，往往会听到许多朋友聊起想换跑道的想法。这里有个值得探讨的问题：年后真的是换工作的好时机吗?

其实我常常建议身边的朋友，换工作最好不要选择在过年后。尤其当你换工作的原因是觉得工作无趣，或未来的成长性不高时，更不该在这时候换工作。

你或许会纳闷：“这是什么道理呢？”

如果你是上班族，请先想一想：为何年后企业会释出大量职缺?答案很简单，因为有很多人准备领完年终奖金后再离职！但这时就有另一个问题出现了：为何不在领到年终奖金之前就离职呢?

这答案也不难，因为大部分的人都觉得“不甘心”，所以一定要先拿到年终奖金再说！这些人的工作往往没有什么严重的问题，没有非得急着立刻离开，顶多就是工作有点累，有点无趣，主管有点麻烦而已。但毕竟业务已经熟悉了，薪水也马马虎虎，干脆就多撑几个月，拿到年终奖金后再走人。换句话说，年后释放出来的职缺，很可能大都是这些食之无味，弃之可惜的“鸡肋”工作！毕竟原来的主人就是这样抛弃它的。

这时换工作，常见的下场就是：好不容易跳离一个无趣的坑，又马上跳进别人留下的另一个坑。无奈地忍受一两年后，又再次进入“等拿到年终奖金我就要离职”的循环。宝贵的职场生命，就浪费在这类无附加价值的跳槽上。

相对的，有些较有策略的朋友，每次跳槽都有惊喜与升值。因为他们做了不同的选择：在年中冷门的时段离职或跳槽。因为这时间点释出的职位有个特色：不是极度有趣、极度挑战，就是极度辛苦、极度苦闷。

为何这么极端呢？因为这个时间点释出的工作，往往是原来的员工因特殊状况离职。例如被别家公司挖角，或因为事故无法继续工作（如受伤、生病等）。所以当事人很可能本来没有离开的计划，但不得不这么做，所以公司得急忙找人。这时候就算你的条件稍微不符，或是薪资要求略高，也有可能被对方接受。另一种状况是，因为公司突然有扩张的需求，例如某个商业机会出现，让公司打算扩张部门，开创新的事业群，成立新的项目，甚至外商来本地设点或区域办公室等。像这样的机会，时效性通常很短，不会留到年终奖金发完之后，而且条件往往很好。

只要是因为上述两种状况所产生的职位，都可能很有趣，并且很有发展性。有些朋友就因为碰上这样的机会，不仅薪水三级跳，甚至挂上一个很棒的头衔。如果本人够努力，能好好把握这个机会的话，下一份工作就更容易大幅往上跳级。

不过，年中释出的职缺，也可能有另一种极端的状况，就是这间公司真的太糟糕，把人累到极点或是发不出薪水，所以员工选择走人！若发生这种状况，公司也会重新开始找人。不过像这类公司，只要求职者稍微有点警觉，大多可以在面试阶段避免掉。即使没躲过，进公司两三个月后也会发现真相。纵然有些损失，幅度也不大，想离开都还来得及。

我并不是教大家一定要放弃年终奖金，只是想提出一个“当大家都在转换的时刻，挑到好缺的概率比较低”的观念，也就是“人多的地方不要去”。年后的跳槽潮，乍看之下机会多，但有很多是别人不要的鸡肋。年轻时间多，鸡肋工作或许多少能带来历练。但年纪稍长的上班族，能避开跳槽旺季，找到一个如火箭般升空的位置，岂不更好！

能领年终奖金固然不错，但也该思考中长期的规划，思索自己想选择什么样的人生：是平稳、无趣，每次跳槽都微微加点薪水的工作，还是想找充满挑战、可以大幅拉升等级的工作?

如果你老是自怨自艾，说好运怎么都没掉到你头上，怎么别人都能找到特别的好机会，那或许你也该想想，自己是否只是重复做着大部分人做的事情？所以只能在平凡的职缺中从这个换到那个。如果你总是只待在人多的地方，好运降临当然就难得多。

但如果你想接下一个充满挑战、千载难逢的机会，尝试不一样的人生旅程，年终有时候是必须投入的代价，毕竟人生所有事情都是靠等价交换得来的。当你获得某些机会并成长之后，再回过头看，就会发现当初的代价根本微不足道。只因为当下那是你拥有的全部，觉得就此放弃会很痛，可是放手，得到更多之后，就会觉得当时的自己实在太胆小了。

有舍才会有得。转换工作，也是一样的道理！

跳槽与创业时，如何获得父母的支持

当我们面临创业或跳槽的选择时，除了厘清自己的目标策略之外，还有一个重要的问题要搞定，就是获得家人的支持。尤其学生和社会新人，常常因为遭遇父母的质疑或反对，导致闷闷不乐，甚至放弃原本的计划。我们就来谈谈该如何处理这样的问题。

读高中时我就有种感觉：父母是一种很矛盾的生物，至少在子女面前常常如此。华人圈的父母都期待孩子能够出人头地，比自己更优秀、更成功。但是当孩子想要踏上与父母期待不同的道路时，他们又不断地劝诫与反对。当时我心里很不解：如果我每一步都照着父母的想法走，最后岂不是只能到达同样的地方吗？要我变成一条龙，却不准我飞；要我飞上枝头当凤凰，却只准我在地上啄米，这实在太矛盾了！

我花了不少时间思考这个问题，后来心中有了解答：父母这样的心态，其实源自于这个角色的天职，那就是“保护子女”。除了保护子女不受危险侵害之外，其他的需求（例如功成名就、发大财）都是次要的。

就生物学的角度而言，儿女可说是父母存活的终极目的，也就是繁衍后代的“成果”。网络曾流传一段母象抢救跌倒小象的影片，非常感人，动物尚且如此，人类父母保护子女的意志更是不在话下。为人父母者的心中，时时刻刻都在忧心孩子的安危，这是毫无妥协的第一要务。当子女满脑子想的是创业或跳槽，能有多棒的发展时，这些在父母眼中却都是次要的，他们最关注的是，你选择了一条他们不熟悉，并且无法确保你安全的路，这才是父母最敏感的那条神经！

这就是父母与子女在生涯选择上的思维差异：孩子做决策是“价值主导”，因为自身想获得某些价值（成就、机会、理想等），所以选择创业或跳槽；但父母的决策是“风险趋避”，他们难以忍受孩子要面对可能的危险和失败，所以往往会极力劝阻。双方从完全相反的观点来看事情，所以这样的争论非常难有共识，除非有一方能从对方的角度出发，试着满足其需求。

具有经济优势的父母，最常使用的一招，就是给孩子一笔钱，或安插一个职位，让他在父母能掌控的范围中，满足其冒险与自主的欲望。这其实就是婴儿床的放大版，把孩子围在固定的范围中活动，将风险控制到最低限度。父母的这种做法其实无可厚非，某种程度满足了子女想要的自主，也满足了父母对安全的渴望，但子女在整个局势中是完全被动的。

不过我奉劝年轻朋友，如果你想真正“转大人”，就该跨出安全舒适的“婴儿床”，化被动为主动，让爸妈放心，满足其“风险趋避”的首要需求，你所期待的价值对他们来说才有意义。该怎么做？让我们看下去。

请想象一个场景：你正坐在公园湖边的长椅上休息，湖面上长满了荷花，有个男人缓步走向湖边，并且蹲下来仔细观察。你可能会好奇这男人在观察什么，他是摄影师，还是植物学家，说不定你也会顺着他的眼光看去，试着搜寻有趣的东西。但我们把场景改变一下：你一样坐在湖边长椅上，但这时有个两岁左右，包着尿布的幼儿，摇摇晃晃地往湖边走去，就在快到湖边的时候，他突然蹲了下来，仔细看着荷花……想到这里，你可能心里一惊：危险啊，掉下去还得了！

这个幼儿到底想看什么，也就完全被忽略了。

为什么换个角色我们会有完全不同的感觉？因为幼儿相对于成人来说，我们会认为他：

1. 不懂眼前的危险（只顾着看花，不知道掉进水里会溺水）；

2. 控制自己的能力不足（连路都走不稳，平衡感当然不足）；

3. 无法从危险中自救（就算水很浅，一旦落水也爬不上来）。

这正是父母看我们的心情。所以成熟的你，不应该跟他们互呛，而是针对以上三点，提供必要的“安全感”。

策略一：爸妈怕我不知危险，那就提供风险预估

我们在父母眼中，就像那个不知危险的幼儿。父母生怕我们不知道：创业有多艰难，要花多少钱，跳槽后会不会找不到工作，薪水有多难赚。如果我们能事先做些研究，把创业或跳槽可能发生的风险（注意，别光讲好处）先讲清楚，让父母知道我们并非天真无知，很清楚地知道自己在做什么，甚至比父母知道得更多，最好能加上一些数字的预估，还有停损点的设定。例如：“我”最多给自己“一年”的时间创业，若失败就回来上班；若转换跑道找不到工作，一年只要“15 万”的生活费也能过下去之类的评估。一方面让风险有明确的范围，不会那么恐怖，一方面也让父母感受到，你很清楚眼前的危机，不是只有他们瞎操心！

策略二：爸妈怕我能力不足，那就展示执行计划

这也是许多年轻人最弱的地方。在父母面前大谈理想，却说不清楚该如何执行。平常自己的作息与生活都处于失控状态，要如何说服父母可以实现理想？想想也实在不能怪爸妈操心！

补救的方式，就是好好拟订一套执行计划，越清楚越好。想创业就说明：怎么找钱？怎么找伙伴？如何小规模尝试？阶段时间表在哪里？想跳槽也要说明：新职位的方向为何？打算如何着手？自己的优势在哪里？有没有可用的人脉等。就算爸妈听不懂专业细节，也要不厌其烦地讲给他们听。父母就算没有真的听懂，也会感受到你是“玩真的”，而且“长大了”。就算你独自踏向未知，他们也会相信你能踏着稳健的步伐前进。

策略三：爸妈怕我深陷危机，那就说明应变方案

对人生中的各种冒险，我认为较成熟的心态是说明“就算失败了，仍有能力站起来”，而不是一厢情愿地强调“计划绝对不可能会失败”。与其向父母证明决定有多正确，不如说清楚已经想好了失败后的应变方案。不但证明自己已有失败的心理准备，且有能力承担其带来的冲击。因为你的身体与心理安危，才是他们最重视的。若发现你早已想好了B计划与撤退计划（Fallback Plan），他们的忧虑自然会大幅减轻。

其实以上三点，原本就是成熟的大人应该做的。很多时候我们看似遭受别人的反对，但问题症结还是在自己身上。这也是接下来我想谈的：你应该扪心自问，父母反对真的是停滞不前的主要原因吗？还是你把它当作“退回舒适圈”的借口？

就拿大学时代的我来说，要是认识了一位可爱的女生，很想和她做朋友，我会想尽各种方法与她接近，和她聊天，试着约她出来……脑中可能出现各种念头，但就是不会想到父母的意见！同理，若这个女生怎么样都不肯跟我出去，理由是父母不准她交男朋友，我会解读成她对我根本没兴趣，只是拿父母当借口。毕竟当我们遇到极度热爱的人与事物，多半不会征求父母的同意，有尽事后告知的义务就不错了。反而是自己踌躇不前时，才会想到拿父母来当挡箭牌。

所以，面临人生的重大转变，只要自己有好好想清楚，总有说服父母的方法，除非——你的理性还没真正说服你的恐惧。

第二章

人生态度的选择

我们的一生不管是否愿意，都必须做出许多选择：选学校、选科系、选工作、选伴侣……在做决定的时候，有人习惯听从父母意见，有人仰赖直觉反射，有人喜欢跟随潮流，有人喜欢率性而为。这些与个人的资质、智力无关，纯粹是态度问题。什么才是“正确的态度”，有时很难定义，但确实有些态度，可以让我们与这个世界相处得更融洽。

让自己容易快乐的五种生活态度

这几年社会上有些人充满了抱怨与不平的情绪。很多人认为主因在于外部环境不好，导致整体幸福感降低，而感叹自己其实无力改变，只能默默承受。我觉得这种一味把幸福寄托在外部环境与他人身上的思维，实在太过被动。其实如果我们重塑看待世界的态度，就可以直接提升我们的幸福感。

我自己有五个原则，帮助我在面对挫折与挑战时，像灯塔一样提供清楚的希望与方向，能够重新以更积极正面的态度迎向人生。它们分别是:

一、选择那个让你更自由的选择

“快乐”有个重要的关键，就是你拥有多少选择的自由。面对任何人生决定最关键的思考点，就在于这决定能让未来拥有更多的选择，还是更少的选择。例如每个月收入明明只有三万，却勉强自己买千万等级的房子，虽然拥有自己的家，但也意味着将失去随意转换跑道的可能。所以当眼前出现薪水不错的工作，但发现未来前景堪虑，也很难有发挥空间时，我就不会投入。我们不应该为了短期的利益，牺牲掉长期的自由度！包含职涯发展、财务投资或人际关系，我都是用同样的原则来思考：任何选择必须拓展未来的弹性，不该因为任何理由而缩限自由度。

二、训练自己不依赖他人

依赖别人的话就得看脸色。别人心情好时会帮你多一点，但心情不好时你就得低声下气。所以减少对他人的依赖，就是通往自由的开始！

我们活在一个分工细腻的社会，当然不可能什么都自己来。但我会用一种折中的方式，就是当需要依赖别人的时候，会以“交换”为前提，尽量减少依赖人情，而是以互惠合作或雇用的方式来进行。

这些年来我的体会是：以平等交换为前提的人际关系才能走得长久和愉快。这里所谓的交换未必是金钱，也可能是货品或任何服务，总之就是付出一些对方觉得有价值的东西，来换取自己想要的。

透过平等交换而非依赖求援，还有几个额外好处。一旦你预设找人帮忙得付出成本时，就会直接找该领域的专家，而不是从亲朋好友中找个业余角色。当这样的关系成为“商业交换”，你就有权利提出“合理的要求”。但如果找的是亲友，难免会不好意思进行监督或要求，最终很容易得到不尽如人意的成果，而且还欠对方一个人情。

三、对别人好，但不要预期回报

“期望破灭”往往比一开始没有期望更容易让人沮丧。例如辛苦帮助了他人，心中一直期待对方的回报，但后来却没有发生，此时这人就会开始后悔。因为不帮还好，帮了反倒期望落差更大！

当有人向你求助时，你若想帮就帮，有困难就直说，别勉强帮忙却又期待对方会感激与回报。最好的方法是，帮忙之后直接认定对方“记性不好、铁定忘记”。如果时时刻刻都在意自己帮过谁、谁该回报、谁该感谢，那就很容易陷入负面的情绪中。

四、预设最坏的状况，不过度乐观

过度乐观的人常常是最快被现实打败的人。我自己是做项目管理的，经历各种意外后，根本不相信这世上有所谓天衣无缝的计划。更何况人们面对自己期待的事情，总是过度乐观，时常假设意外不会发生，所以计划做得草率至极。努力做的计划都未必靠谱了，更何况草率应对的计划？当现实与计划稍有落差时，挫败感就会来袭！

我自己觉得最实际的人生态度，就是尽量把未来想得悲观一点，最好把所有可能的坏状况都想过一轮，并且问自己：如果这些坏事发生的话，我还有办法东山再起吗？

举例来说，如果我想开间咖啡厅的话，我不会幻想生意如何兴隆，反倒会先做些糟糕的假设。我会自问：如果开业三个月都没什么客人，这样我能承担吗？这概率似乎是有的。所以就会督促自己继续想：我该准备多少钱当准备金渡过难关？我该预期低潮持续多久？我该花多少时间建立顾客信赖？这些悲观的问题，并不是泼自己冷水，而是督促自己开始做研究、收集情报，避免自己的一厢情愿或是过度乐观。认清现实后，我们自然会把商业计划做得保守一点、尽量加强准备。等店真正开张了，预期的坏事没有全部发生时，反倒会开心快乐地面对一切。

五、从哪里跌倒，就从哪里爬起来

碰到失败挫折，被别人欺骗、拒绝、伤害，都会让我们失落、痛苦与自责。但世上就是有些不凡的人，在经历痛苦之后，反倒能展现出一种“积极性”：他们毅然停止自怨自艾，开始问自己能不能做些什么，避免同样的事情再度发生。失败虽然有痛苦的外衣，但却有着珍贵的核心，那就是“教训”！

例如某天在工作上被老板斥责，心里很不是滋味时，那我就得回来好好想一遍，下次再有类似的事情，我该做哪些处置。答案可能是早一点回报老板，早一点去催承包商的进度，先把合约读清楚，或是训练沟通能力。总而言之，一定有些什么是可以强化的。如果能把这些地方一个个找出来，改造自己，下次就可以避免同样的问题。

最糟糕的态度，就是把问题“外部化”：都是老板或客户不对，都是政府没尽到责任，都是财团欺负我们，都是男人好色或是女人爱财。如果要把问题外部化，永远可以找出无数的理由及责怪对象，但这些都无法避免下一次的问题发生！若是无法跳脱这样的思维，就只会重复在同一个问题上跌倒，最终的后果，还是只有自己来承担。

让我顿悟人生的两个秘密

人一生的际遇与成就，都是命中注定的吗？

我现在的选择，10 年后仍是正确的吗？

下一步该怎么走，才会通往真正的快乐？

人生再怎么绚烂，最后还是两腿一伸。活着的意义到底是什么？

年过 40，我常不自觉地想起这些难题。尤其开始创业后，就像离开了平稳河道的船只，独自驶向无尽的海洋。虽然自由壮阔的风景带给我“回不去了”的感动，但这几个与人生选择有关的问题，仍不时像海上的阵雨，常常无预警地席卷而来。直到有天听了一场演讲，瞬间解开了困扰我的心结：稻盛和夫《人为什么活着？》。

说起稻盛和夫这位 83 岁的日本老爷爷，一开始我并不熟悉。演讲前做功课时，才知道他在日本被尊称为“经营之圣”。除了白手起家创立京瓷与第二电信两家企业以外（均为全球五百强），最为人称道的便是在 2010 年，以 78 岁高龄（当时他已退休并出家修行）将日本航空由破产泥淖中一手拉起，在 2012 年转亏为盈，并且重新上市。

美国企业家爱谈“竞争策略”，日本企业家则更强调“经营哲学”。不过这场演讲谈的不是企业经营，而是人生的经营。稻盛在演讲开头便点出了他这一生的体悟，也因为这句话，让我豁然开朗，说醍醐灌顶也不为过。他说：“所谓的人生，是由两件事组成的，‘命运’加上‘因果法则’！”

命运确实存在，我们每个人的际遇都受天生的命运所掌握。有的人天生富贵，得天独厚，但也有人出身贫贱，连基本的生存需求也难以满足。然而人生还有另一个因素，与命运一样决定我们的人生，那就是因果法则。种下什么因，就会得什么果。命运是经线，因果是纬线，纵横交织出我们的人生画布。

会萌生出这样的想法，源自于稻盛年轻时读过一本中国古书《阴骘文》（“骘”音同“至”），当中记载了明朝人士袁了凡的故事。袁了凡年轻时曾遇见一位算命师，推测他未来的功名，并预言袁了凡将于 53 岁寿终，终生无子。由于算命师对于功名的预言一一应验，所以袁了凡决定顺从命运，只求每天安稳度日。但是 36 岁那年，袁了凡在寺庙里遇见一位云谷禅师，便向禅师说了算命师的事。禅师对于袁了凡的消极不以为然，劝诫他命数其实是可以被改变的，只要能积极地做些什么，有因就会有果，最终必会走出一番新局。袁了凡受到启发后，从此积极为善，乐于助人，结果他一直活到 83 岁高寿，并且生了儿子，69 岁时还为儿子写下《了凡四训》作为家训。据说这本书很受日本人的重视，还成为历任天皇与首相的“治国宝典”。说来惭愧，我是听了日本人的演讲后，才知道这本名著。

原来人生同时被“命运”与“因果”所掌控着。仔细想想，多数时候我们的心境都处在两个极端，不是“宿命论”，就是“过度乐观”。

但这世上有人就是长得比我们好看，比我们聪明，家里有钱不说，连个性都很好，简直就是真人版花轮，连正常人都难免会陷入沮丧，我们只好摇摇头说这都是命！毕竟这些条件再怎么努力也不可能赶上。如果你跟我一样是创业者，更是天天受到“人生胜利组”组员的轰炸。当你为了付员工薪水还有自己都不太确定的梦想挑灯夜战时，世上早有成千上万个二十出头的小伙子闯出了名号，正准备开设第 N 家公司，推出第 N+1 个品牌。“或许我没有足够的才能吧？”“看来我命中注定只能当个平凡人。”相信每位创业者在夜深人静时，都不免怀疑过自己。到底该相信自己，还是相信命运？ To be or not to be , that is a question!

相对于宿命论，信奉“自由意志”的态度则是另一个极端。当我们获取成功时，众人的焦点都在我们身上，一时间我们会乐观地相信，是“我”做出了正确的决定，是“我”建构了这一切成就。那些不及我的鲁蛇（loser）们，一定是不够努力才落得如此田地。“我”已经抓到制胜的要领，只要继续复制，就能获得更大的成功。但事实上，成功未必只是自己英明神武的结果，其他的人合作，市场刚好的趋势以及好运，可能都是其中的一个助力。

其实，过度顺从命运，或是一味地信仰自由意志，都是把人生看得太简单。稻盛和夫将人生这个复杂的议题，用命运与因果来阐述实在太妙了。所谓的命运，就像我们把车开上高速公路，从台北到高雄所需的时间几乎可说是注定的。只要我们待在路上，就像算命者一样，可以根据当时的流量、前方路况、气候等因素，精准判断出我们到达的时间。然而，操纵方向盘的是我们，我们可以下高速道改走省道，可以下车改搭高铁。种下什么因，就得到什么果，在命运的预设框架外，人生仍有我们能够掌控的选项。

向往成为模特儿，但身高不足一米七，长相不够标准，这就是命运，怨天尤人怪父母也难以改变事实。但只要真的有心，说不定有天你能成为时尚教主，开间经纪公司，让成群的模特儿为你工作！

羡慕乔布斯、郭台铭、马云所成就的霸业吗？我相信那是结合天时、地利与机缘而成的火花，就像森林里的千年神木一般，可遇而不可求。但我也同时相信，只要目标明确，持续灌溉，终有一天就算没有神木，也能培育出属于自己的花圃。

稻盛最后举了个有趣的比喻：宇宙在137亿年前，也只不过是个拳头大小的团块，经过大爆炸与不断膨胀，才形成了现今的局面。他相信整个宇宙有持续往正面和繁荣方向发展的趋势，只要态度积极，心存良善，顺势而为，我们个人与全体人类一定会越来越好。

我想这应该是截至目前，对我一生影响最大的演讲，这包含了一位企业家 83 年的人生体验与智慧。希望稻盛和夫对生命的诠释，能够像感动我一样，也为你带来启发！

人多的地方不要去 VS 顺势而为

网络的发达，让人类从“信息贫乏”变成“信息泛滥”。以前的人不知如何做选择，是因为信息太少，现在的人则是因为信息太多太杂，无从下手。有句谚语说：没戴手表的人不知道时间，手上有太多手表也不知道时间！

有次参加演讲，听众问了主讲者一个好问题：“很多成功者都鼓励年轻人不要盲从，应该走出自己的路，也就是所谓‘人多的地方不要去’。但也有不少人建议年轻人，要多观察局势变化，说‘顺势而为’才是王道。请问这两个看似矛盾的概念，到底哪个才是对的呢？”

我听到这个问题时整个愣住了，连主讲人如何回答都没留意。接下来好几天，脑中一直不断在思考这个问题。确实，在我们面对人生的选择时，应该要勇敢走自己的路，而不是一味盲从。但这样说来，岂不是要大家违背潮流？可是，逆势而为也并非我所提倡的观念，毕竟“看清局势，找出阻力最小的路”往往是最好的策略。因此面对人生难题时，“走自己的路”与“顺势而为”，似乎是两种矛盾的选择，也让我百思不得其解。

直到有天我去参加另一门课程，老师说的另一个故事让我豁然开朗！（上课与听演讲确实有助于思考）老师提到她在印度旅行时，看到一群渔夫在海边撒网捕鱼，众人辛苦了数小时，却只捞了几条不到十厘米的小鱼。和渔夫闲聊后才知道，原来这个渔场已经多年没有足够的渔获量了，大家日子都过得很苦。老师忍不住问渔夫：“为什么不去别的地方捕鱼，或是用别的方法捕鱼呢？”渔夫回答：“我们的祖先世世代代都在这里，用同样的方法捕鱼，我们不想放弃祖先的传统。”

宁愿饿肚子，也不愿意放弃所谓的传统，这还真是人类特有的“顽固”呀！

“辛勤耕耘，就会有收获”这句话的背后，其实有个被忽略的前提：努力必须用在对的地方，而且还得用正确的方法与手段才行！好比那群印度的渔夫，他们遵循传统，坚持靠捕鱼维生，这个目标本身并没有错，但他们忽略了自然环境已经改变，没有跟上科技的进步，墨守成规反而让他们的生活陷入困顿。或许现在还能坚持传统几年，但等到一条鱼都捕不到的时候，想改变也已经过了时机！

所以“人多的地方不要去”与“顺势而为”，两者到底如何取舍？以下是我的答案：

“设定人生目标时，我们不该盲从或一味追随潮流，应该从自己的天赋与热情出发，勇敢朝理想前进。至于目标的执行上，则应该顺势而为，用最有效率的方法与路径来达成目标。”

我还在读大学的时候，台湾景气正好，很多同学都决定毕业后直接就业，或是在台湾读研究所，但我是少数立志要出国留学的人。虽然立定了跟别人不同的志向，但执行方法却不怎么高明，导致差点无法达成目标。面对考试时，我的同学都懂得利用中译本还有历届试题来准备，我却顽固地一页一页阅读原文书，而且坚持要读通之后才练习历届试题。事实上，许多时候我根本还没读完教科书，考试就到了。可想而知，这样的投资回报率很差，烂成绩也让我离留学目标越来越远。幸好遇到班上很会读书的同学给我当头棒喝，我才开始了解“顺势而为”的重要，甚至对后续的“职场观”产生决定性的影响。

所以说，“坚持信念”与“顺应潮流”两者，其实并不相违背。前者是大方向的战略层次，代表我们应该倾听自己的声音，设定属于自己的目标，不随波逐流或盲从跟风；后者则是行动上的战术指导，提醒我们应该把努力投资在对的地方，善用正确的方法，找出阻力最小的路。

你或许听过这则寓言：有个小镇淹大水，一位牧师被困住了，只好爬上教堂屋顶祈祷，请上帝派天使拯救他。后来有个人划着皮筏经过并伸出援手，但牧师回绝了他：“不用担心，上帝会派天使救我的。”

之后，又有一位救难人员驾着汽艇来援救，牧师一样回复："我可以的，上帝会来救我。"

当水越涨越高，牧师几乎被灭顶时，一架直升机抛下了绳索，但牧师仍然咬牙拒绝："不用，我的上帝不会遗弃我！"牧师最终还是淹死了。他上了天堂后，愤愤不平地质问上帝："上帝啊！我对您这么虔诚，您为何弃我于不顾呢？"上帝无奈地回答："兄弟，我已经派了一艘皮筏、一艘汽艇，还弄来一架直升机，你还想要我怎样呢？"

目标要坚守，手段要灵活，这才是面对人生选择时该有的态度与原则！

“顺势而为”或是“不去人多处”的四个思考点

“人多的地方不要去”与“顺势而为”其实是一体两面的。该采用哪种策略，取决于自己想扮演什么样的角色，还有愿意承担多少风险。

或许你可以从以下四个方向来思考：

一、在这个趋势中，我是卖方、是买方还是投资方？

我的角色是什么？这个问题，对于选择的影响很大。

举例来说，我打算买部新手机。但市面上有这么多种类，该选哪一部才好？撇开习惯不谈，假设这是我第一部手机的话，那我会顺势而为：看什么牌子最多人用，最多人说好，就决定选什么牌子。一来大家都说好，不太可能踩到地雷；二来很多人用，表示资源及厂商支援会比较多。但如果选择比较少人用的手机，相对就得承担较高的风险，有可能出问题时 Google 半天也找不到答案。所以买东西时，跟着趋势走通常不会错。

但如果我是卖方，情况就不同了。当很多公司都在做 Android 系统时，如果你也打算募一笔钱开个手机公司，那得先想想自己有什么优势才行。要是没有的话，往人多的地方走就不是聪明的选择了。

不过，若我是投资方的话，状况又不相同了。股票投资应该要顺势而为，而不该接掉下的刀子，不该猜测底部。选择投资趋势向上的公司，又会比往下不断破底的公司来得更合宜。

二、这项趋势会有饱和的问题吗？

如果没有饱和的问题，选择跟着趋势走当然好。举例来说，若我想找个云端空间来用的话，市面上目前最多人用的包括 Dropbox、GoogleDrive、OneDrive 等服务。这些服务有很多使用者加入，是否可能有变慢或空间不足的问题？理论上，只要服务商愿意投资机器跟带宽，这些问题都可以解决，而且就是越多人用的，服务才会好，软件才会不断更新，厂商才有追加硬件的诱因，所以在这情境下，确实该选择比较多人使用的选项，也就是“顺势而为”。但假设某间商店正在打折，门口有一大堆人正排队等着消费，我就不会去凑热闹，因为好东西可能早已被抢完，排到累死也没好处，这时选择就会变成“人多的地方不要去”。其他像新年期间去看什么花，去什么游乐区玩，集点换限量商品，排队首卖会等，对我而言也是一样的意思。

趋势饱和对卖方来说更是个大问题。之前市场都说开茶饮店能赚钱，如果住的街角附近已经有五家店，平时生意冷冷清清，我若也想跳进去多开一间，那就得思考有什么比他们更强的优势。若分析后发现找不出特色与差异，加上市场明显已经饱和，当然就不该选择往人多的地方走。

三、面对趋势变化时，我有多灵敏？

如果灵敏度够高的话，你当然就能去人多的地方抢抢看。尤其投资的时候，更要考虑自己的灵敏度。比方说股票变现快，你资金问题不大，有时间看盘，又有充分的经验，那当然可以去抢一些短线的趋势。但若自己投资的商品变现慢，如房地产，加上手上资金有限，能承担的波动很低。这种情况，不去人挤人或许是较安全的选择。

四、趋势转向时，转换的成本有多高？我有任何转换优势吗？

顺势而为最怕的就是趋势转向。如果转换的成本很低，当然不需要担心；但如果趋势转向时没有任何备案，而且可能受到严重伤害的话，就要特别小心“顺势而为”这项选择了！

举个例子，有阵子大家一窝蜂地在考公务员。我如果跟着去考，而且考上了，结果刚好遇到政府组织进行缩编的话，那就得考虑如果去别的地方，转换的成本会不会很高。再来是判断有没有任何转换的优势，因为某些位置可能出了这个体系就没竞争力了。如果预测政府难以保证公务员长期的职务，加上进入后会降低日后转换的竞争力，我可能就不会去人挤人了。

再举一个例子：假设我开了一间面包店，结果最近有个卡通很红，那我该学别人推出卡通造型的蛋糕吗？

像这种情况，我会先分析做这款蛋糕的困难度如何，有没有授权的法律问题，万一退流行的话（趋势转向）会怎么样？假设分析后发现制作简单，又没有侵权的问题，就算退流行也能回去做平常的热销造型，那当然应该选择顺势而为！

结论

其实，无论顺势而为，还是不去人多的地方，最大的重点都是“自省”：这项选择在目前的趋势下有什么优势？万一趋势停止，我会遭遇什么样的伤害？如果评估的结果是伤害小、获利大，那当然值得追寻；但如果获益不高，伤害却可能无限，就不要跟着去凑热闹了。

可能有人还是觉得这个概念很难，那我再举一个例子：假设你是刚毕业的年轻程序设计师，打算成立公司开发自己的手机游戏，那该如何思考才对呢？

首先，你该想想：自己有什么优势？在这个市场有多灵活？能多快让产品上市？打算怎么让大家注意？产品跟市面的游戏有何差异？市场是否已经饱和？万一没人玩、没营收，影响会很大吗？能撑多久？如果市场反应不佳，到时还有哪些选择？如果要转换到其他跑道，可以去哪里？要是选择现在就去，会不会更有优势？

以上就是把前面四个原则全部想过一遍的做法。思考后可能会得出两种结论：一种是自己没有什么差异，开公司等于是进入一个人多的地方，进入市场不过多个同质性高的东西而已，结果只会被大家淹没，所以决定不要成立公司。

另一种结论是，觉得自己有掌握某种特别的优势（如玩法或是技术），而且具有市场性，所以决定成立公司。但是这样决定会有下一个课题，就是得选择开发的平台。据说 iOS 的使用者付费意愿最高，也有非常大的使用者数量，所以决定优先投入 iOS 市场，那这样选择就是“顺势而为”了。

上述的例子，代表在一个决策中，有可能同时包含两种选择。换句话说，“人多的地方不要去”与“顺势而为”，没有孰是孰非之分。先看自己的角色是什么，再思考想要什么，然后从目前的趋势进行不同阶段的判断。如此就能得出属于自己的人生策略了。

面对人生的分歧时，该怎么做选择？

我一直相信，人生是透过努力来“捕捉好运”的过程。

但所谓捕捉好运，并不是守株待兔地期待中乐透，而是做好“风险管理”这四个字。

我们不妨把人生当成一个“概率游戏”：偶尔有好事发生，自然也有坏事降临。虽然人生的选择有千万条路、每条路都通往未知。但大抵而言，还是可以透过“理性的策略”来提高整体的胜率。教我期货投资的老师曾说过一句话：“入市的重点从来都不在对于行情预测准确，而在看错时不会死透，看对时能够大赚。”人生大部分的两难，多少都能用这句话来总结。

人们对于成功，普遍有两种认知。

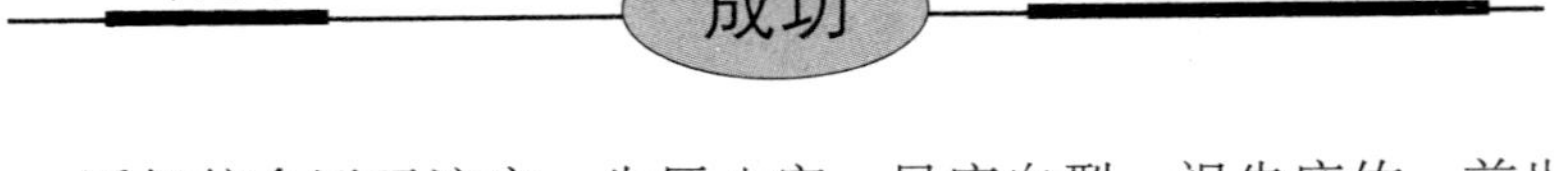

命定论 —— 成功 —— 人生是随机的偶然

一派相信命运天注定，生辰八字、星座血型、祖先庇佑、前世修行等决定我们一生的轨迹；另一派则是相信人生的一切都只是随机发生的偶然，如果我们有机会倒退回出生时重头来过，只要其中几个选择不同，人生可能就大不相同。

两派何者为真？恐怕很难讲，事实上也不一定这么重要。假设命定论为真，那我们其实不用费心采取什么策略，反正一切都是注定好的，任何行为都不能改变结果（如同前面提到袁了凡所相信的随缘）。但假设“随机论”（或称因果论）为真，那采取策略就可能让人生的发展有所不同。

我的结论是：我们应该试着思考并采取好的策略来改变人生。如此一来，上天若注定我们的人生，这些策略顶多只是白做工而已；但要是人生真的存在因果，策略就可以为我们带来价值了！

毕竟人活在世上数十年，聪明的大脑不用白不用，“任何选择都是徒劳”的“命定论”，我们可以先忽略不计。相对的，若我们姑且相信“随机论”，面对任何人生选择时，就有以下三种选项：

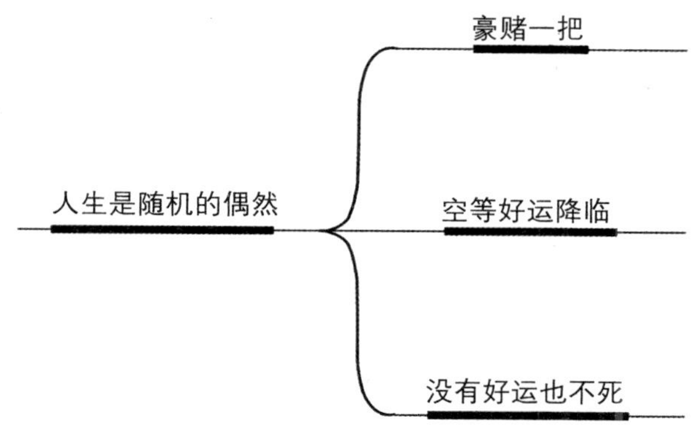

所谓豪赌一把，指的是每每都选择在关键时刻全力一击、背水一战，简称“赌徒派”。赌胜时或许风光无限，但赌输时则会难以翻身，不是天堂就是地狱，我个人觉得那叫作有勇无谋。

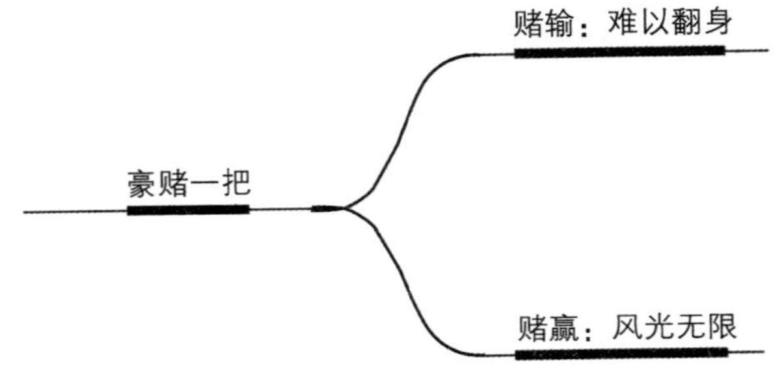

拥有这种态度的人其实并不少见，你我周围都可能有些这样的伙伴。比方说借钱去做自己不熟悉的生意，用信用卡预借现金玩股票，或是把毕生积蓄投入不熟悉的领域等等。这些在我来看，都是在执行一场又一场生命中的豪赌。赌中了，当然快乐又得意，但如果没赌中呢？砍掉重练，十八年后又是一条好汉吗？

另一种则是空等好运降临的策略，简单归纳叫“做梦派”，也就是几乎什么策略也不采取，每天幻想、空等好运降临。

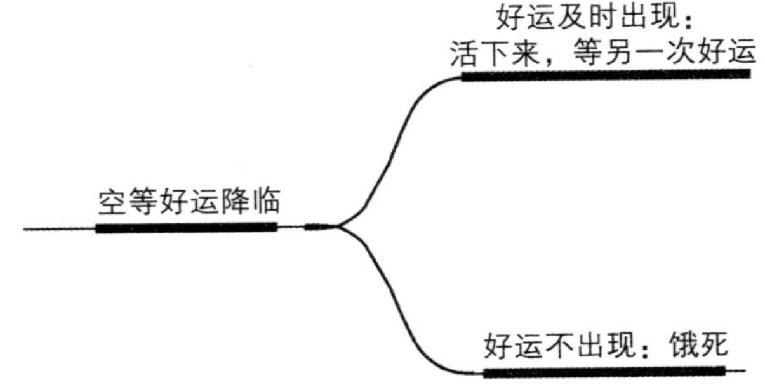

这种价值观的人其实也不少见。比方说不愿意花时间研究，却只想听人讲明牌，妄想能在股票市场赚大钱。或是不愿意加强自己，却期待能在职场脱颖而出的。另外还有期待中乐透，梦想嫁入豪门，等等。

“赌徒派”的人过度积极，不（愿）相信人生有意外，也不去思考退路，他们的结局不是大好就是大坏。“做梦派”则正好相反，基本上啥也不做，纯粹等着哪天有好运降临。

这两种策略最大的问题在于，只要时间轴够长，最终一定是失败的，因为他们的成功无法复制！“赌徒派”或许在人生当中会赢一把大的，但后面的人生只要赌输一次，就前功尽弃。“做梦派”的人也差不多，就算被他逮到一次机会，他还是无法复制这个好运；其次，因为平常没有累积实力，就算机会来了，只要人没准备好，一手好牌也可能打成烂牌。

而且，光靠好运是无法长久的。美国有项统计：中乐透的人平均七年内就会被打回原形，七年后的财务状况甚至比原来更糟！怎么会这样？因为当你不具备操控好运的能力时，好运不但没为你带来好处，说不定还会反噬你。就像肠胃不好的人，给他满桌山珍海味也无福消受！

“赌徒派”与“做梦派”，都不如第三种策略来得理性与长久：先求稳，再求好！先确保自己能稳健地生存，行有余力，再逐渐增加风险来追求超额的报酬，或是再冒险追逐更好的机会，我们称之为“稳健派”。

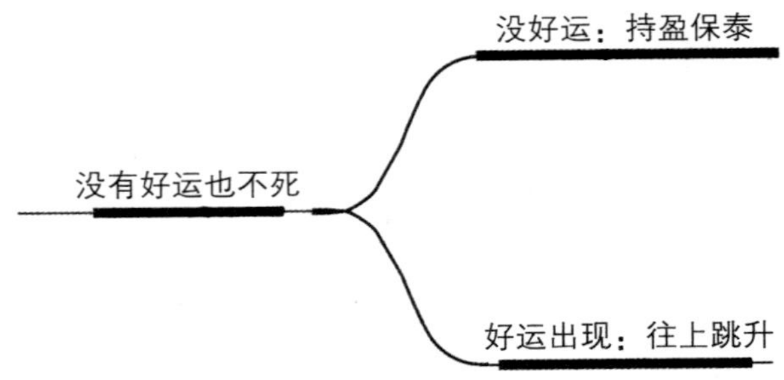

“稳健派”的优势在于，就算运气不好，长时间没交上好运，也不至于饿死；但若出现好运，则能抓住机会大幅跃升。

举例而言，很多人在股票投资上就算统计了大量资料，跟做各类阅读，都只是勉强存活着。但很多“做梦派”不愿意学习，期待能靠听明牌、看报纸，就买到飙股大赚一笔。甚至有人连股票涨跌原理、多空循环都没搞懂就跳进来，那就真的是莽撞又大胆。而“赌徒派”则会因为某个内线消息或明牌，把全部身家一次消费掉。就算中了一次，食髓知味，后面还是会面临惨淡的开始。

那么“稳健派”的人会怎么做呢？他们会做足功课，选择营运好的公司投资，并且以股利收益，而非买卖差价作为获利目标。若股票没涨，至少每年能稳稳地拿到股利；若遇上大涨，还有机会出脱获利了结。所以一开始的起心动念，就决定了最终的结果。

人一生中要做出很多次的选择，不是只有一次定生死。所以唯有“稳健派”的思维能让我们持续成长。他们会把可能的风险都想过一遍，确保运气最差的状况下也还能留一口气，其实未来只要能沾上一点点好运气，就能乘风而起。如此的人生态度，何乐而不为呢？

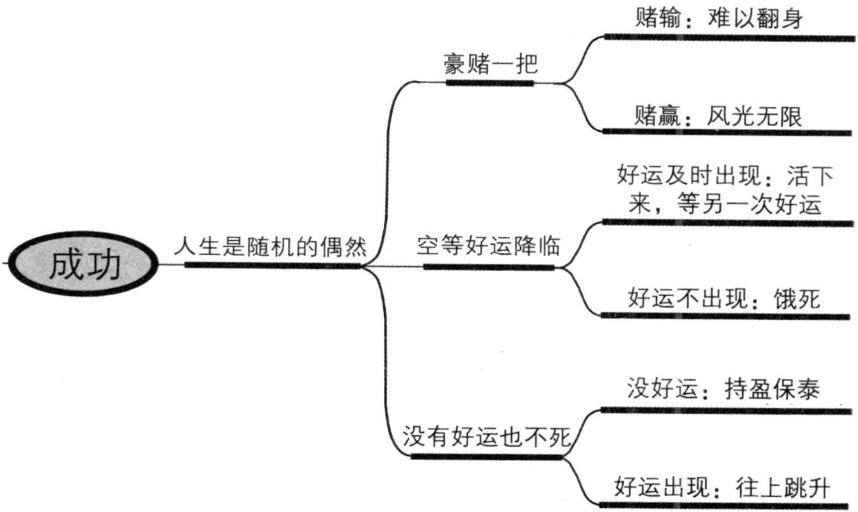

可惜，是人生道路上最危险的陷阱！

最近看了日本整理大师近藤麻理惠写的《怦然心动的人生整理魔法》。整本书的中心思想非常简单，就是鼓励大家“丢”东西。当然不是说把什么东西都扔了，而是要仔细触摸这件物品，感受它是否会让你觉得“怦然心动”，以此作为判断准则。她的概念是：物品是为了满足人们的生活而存在，如果这件东西无法与拥有者产生“怦然心动”的联结，那么留着它，也只是满足囤积的贪念，并不会为我们的人生带来多大的好处。像这样的东西，还是丢了吧！

之前刚好换了新的办公室，我照着书中的做法，把公司里累积多年的私人物品做了大清仓，咬牙扔掉了约半人高的一袋杂物，光是囤积的计算机线材就丢了十多条！还有一堆文件以及看似精美却不会去用的礼品。刚开始我真的非常忐忑犹豫，但断舍离后的一个月，我的工作环境变得非常爽朗简洁，也真的有一种轻松感！

这让我联想到另一件事：来向我征求职涯建议的网友，常常透露一种纠结，他们的忧虑是这样的：

老师，我是念信息的，但我对计算机一点兴趣都没有，想走其他的路。但既然信息系都毕业了，我该先去当工程师吗？

老师，我目前跟朋友创业，还没有做出成绩。但最近公职发榜，我顺利考上了，是不是该先当个几年公务员，再回头创业呢？

这类的问题真的非常多，总结一句话，就是觉得“可惜”，心有不甘。都辛苦念了信息系，最后不走这行的话，不就浪费掉了？好不容易考上公职，不先去待个几年，之前的投入不就白费了？

这样的心态我可以理解，跟我库存了一堆计算机线材是差不多的意思。不过我库存杂物，消耗掉的是空间，大不了只是浪费一个抽屉的大小而已。哪天把东西扔了，空间也就回来了。但人生若只为了“可惜”两字，消耗掉的则是时间（以及连带的机会）。在我看来，世上没有比“时间”更珍贵的资源，而且时间还是不可逆的，失去了就再也不会回来，这才是真正要“可惜”的东西！

容我说得严重点：这世上有许多的挫败与不幸，就是来自于这种不理性的“可惜”心态。

小时候我家离某个夜市很近。放学后经过都会看到小吃摊贩在准备晚上的生意。我亲眼看到一家卖冬瓜茶的老太太，会把前一天卖剩的茶倒进新的茶桶里，新旧混合一起卖。我跟我的同学绝对不买这摊的茶，而且顾客的嘴够刁，后来这家茶摊确实没撑多久。只因为旧茶倒掉觉得可惜，所以老太太卖的永远都是过期品，没有一杯茶是新鲜的！

另个故事则是我爸告诉我的。老家附近有间烧饼油条店，买到的烧饼永远是温温冷冷，只因老板坚持先进先出的原则，先烤好的一定要卖掉，然后才把新的烧饼拿出来，结果从来没有顾客真正吃到刚出炉的热烧饼。但另一家生意较好的店，老板永远拿刚烤好的热烧饼给客人（后进先出），虽然一天下来难免扔掉几个冷烧饼，但客户显然比较捧场，两家店的优劣，由此立见！

在感情的领域，类似的故事就更多了。女生遇到暴力情人，被拳打脚踢还榨干积蓄，但就是不愿意分手。毕竟投入了多年的情感与时间，甚至小孩也生了，房子都买了，若从此一刀两断，之前的种种投入岂不可惜至极？就再给他一次机会吧！说不定奇迹会出现。但旁观者都知道，这只是难以割舍导致的恶性循环。

经济学中有个名词叫作“沉没成本”，恰好提醒了我们，面对人生种种的“可惜”，我们该如何理性以对。

得过诺贝尔奖的经济学家 Joseph E. Stiglitz 曾举过一个例子：有天你花了七美元买了张电影票，结果看了半小时后发现是部大烂片，你该立马离开电影院吗？如果你有“沉没成本”的观念，做这个决定时就该“忽略”这七美元的投入。因为不管你是否离开戏院，这七美元就像丢到水里，都不可能回收了。以经济学家的观点，接下来要不要闪人，纯粹该以“想不想继续看电影”作为唯一的考量。明明不想看，却因为可惜那七美元的沉没成本，继续受罪与浪费时间，其实是不理性的行为。经济学家还为这种不理性的心态取了个名字，叫作“沉没成本谬误”。

所以，千万别再以“可惜”作为人生选择的判断依据！过去已经投入的，不管你未来怎么做，都只会成为记忆的一部分。唯有掌握有限的时间资源，找到让自己“怦然心动”的目标，大胆前进，才是正向积极的做法。

回到一开始网友的问题，面对他们的“可惜”心态，我都是这样回复的：

有天你从台中出发，想去南边的垦丁，参加让你怦然心动的活动。车开了一个小时后，你惊觉竟开到了北边的新竹，这时候你会怎么做呢？是马上掉头南下，还是既然都开了那么久，油钱也都花了，就干脆去台北碰碰运气？

如果你的目标明确，思考也够理性，我想答案是毫无疑问的！但我也完全理解壮士断腕需要不小的决心，毕竟刚刚那个曾经开错方向的驾驶员，就是我本人！

大脑使用手册（一）：建立个人的思维模型

高中的时候，数学应该是我花费最多时间，得分却最少的一门科目。在好强不认输的个性驱使下，我硬是选择了理工组，所以从高一、高二到高三，数学虽然越来越复杂，我的分数却是越来越“简单”。

我永远不会忘记我们班的第一名，“天才”就是形容他这种人。大家明明都是第一志愿考进来的学生，他仍可以轻易地鹤立鸡群。很多同学都觉得他的数学实力说不定跟老师有得拼。某次大家在教室讨论一则数学难题，百思不得其解，天才同学刚好经过，他瞄了一眼题目便轻描淡写地说：“这样这样然后那样。”我们照着做之后，题目竟然就这样解了。这一幕给当时才十多岁的我上了一堂人生课：人外有人，天外有天！

我不知道你一生当中，有没有遇到过这样聪明的人，老实说我遇过不少，包括另一位中学还没毕业，就把大一普通物理当小说读完的人。所以我在很小时就体悟到，这世界上真的有天才存在。他们的智力就像天上的月亮一样，你只能瞻仰，却永远也够不着，根本不知道它是怎么挂在那儿的！

但就算知道自己不是天才，日子还是得过下去，是吧？接下来要讲的才是重点。班上有另一位好朋友，成绩也很棒。这样说吧，如果第一名是月亮，这位同学就是台北 101。他的聪明才智虽然也算高耸入云，但我至少知道他是一层层由地面累积起来的，我想他是比较好的咨询对象。有次我终于开口问他，数学到底该怎么准备才能考高分。

“数学是文科，这是你第一件要认清的事实！”“台北 101”这样告诉我，到今天我都清楚地记得。

“数学考试其实是有模式可循的，题目就固定那几类，而每类题目都有固定的解法，这些参考书都已经帮我们分类好了。我们要做的是，先了解这些模式，接着透过不断练习，最终牢牢地记忆起来，考试一看到题目就可以直觉反应。基本上这跟背英文句型是一样的！”

“可是，每次考试老师都会出一些难题，既没有快速公式，也没有可参考的例题”

“是没错，但只要你能把制式题目练到滚瓜烂熟，面对这些特殊题往往也会有灵感。更何况，就算你把这些特殊题直接放弃，应该还是可以考个 85 分之类的，那也比你现在的分数要高啦！”

多数人如你我，都不是天才，也没有得天独厚的条件。所以我们其实应该要模仿那位“台北 101”，从复杂的状况中厘清出一份属于自己的“思考模式”，然后以此来面对后续的每个难题。因为我们不是天才，所以想要成功的最佳策略，就是要小心检视我们手上每一块筹码，把效益发挥到最大。进而找出好的方法与模式，克服生活中的种种挑战。

其实拥有“思考模式”的人，其能力未必输给“天赋异禀”的人，以下就是证明。

我是个大路痴，我老婆则是有名的人肉 GPS，只要她去过的地方，就会在脑中建立地貌和图资，维持多年都还记得。我很佩服为何她总是知道下个路口该左转还是右转，这样的能力对我来说简直就像“绝对音感”一般，是一种遥远且神秘的力量。

不过有一年，我们和朋友开车横越美国时，我这路痴扳回了一城。我们一路由旧金山开车到纽约，上万公里的路途，大多数的地方是我们都没去过的，我老婆的“路感 DNA”在这种状况下开始失灵，无法做出像平常一样精准的判断。但我本来就是个缺乏“认路直觉”的人，所以很习惯仰赖地图、GPS，还有美国的公路系统这种架构来思考，在这样全新的挑战之下，反倒是靠我的思维模型来引导路线！

拥有“天生直觉”的人往往让我们钦羡不已。他们常常轻松快速地做出漂亮的选择。感觉他们不用花很多力气，就可以在考场、职场，或是情场立于不败。但身为“普通人”的我们，其实也没什么好怨叹的。首先，这种天分后天难以培养，怎么羡慕也是枉然；其次，人生多数的重大选择，“快速”原则并不重要，面对求学、求职与求偶的议题，总是有很多时间可以慢慢思考。“直觉”确实很好，但并非必要。

相对地，脑子里有明确思维模型的人，遇到问题会需要花一些时间思考，有时候甚至会犯错（错误是建构思维模型的关键原料）。但长久下来，他的决策会逐渐优化，终能更稳定地解决问题。我那位“台北 101”同学毕业后，和天才同学一起考上第一志愿，最后也都成为美国名校博士，表现毫不逊色。

此外，一旦建构了完整的思维模型，面对全然陌生、毫无经验的环境时，反倒容易做出相对理性的选择，就像路痴的我能善用地图和 GPS 找对方位一样。事实上，人生在不同阶段的游戏规则一直在变，学校呈成绩优异的学生，到了职场未必能以相同的天分胜出；把妹技巧一流的帅哥，一旦走入家庭也未必懂得维系婚姻关系。所以在我看来，要正确发挥我们大脑的威力，没有什么比建构一套属于自己的思维模型更重要。毕竟天分无法模仿，但思维的方法却可以透过学习和练习日益精进！

股神沃伦 · 巴菲特有次应邀到大学演讲，一位同学问他：“全球的投资人遇到前景不明时，都会仰望您的看法，那么当您自己遇到迷惘时都怎么处理呢？”巴菲特笑着说：“我也只好去望着镜子了！”虽然他是搞笑，但我觉得这句话还挺有哲理的。以前也听过一个寓言，有人问观音菩萨：“世人都拜佛，你自己就是佛，那么又要拜谁呢？”

观音菩萨回答：“我拜的是自己。”如果我们能建立一套自己的思维模型，面对问题时就比较不容易惶恐、忧虑，也不会人云亦云、随波逐流。投资领域如此，人生也是如此。最好的咨询对象，往往就是一个已能建立明确思考原则的自己。

建构思维模型的另一个好处就是，它可以随着时间经验逐渐进化。就拿我常写的职场相关文章来说，其实都是透过我在工作上的观察，甚至犯过的错误，逐步雕琢出来的思维模型（也可以说是一个“局”）。

我人生的第一份工作是在一家小公司，我在那里建构了第一个版本的模型，找到了和大家和平共处，以及获得老板赏识的关键。接下来我进了大型企业，发现模型有需要修正的地方，所以逐渐改良为第二版。后来我想试试看这种模型能否套用到国外的公司，于是去了纽约，果然也让我的职场之路颇为顺利。当公司要晋升我到更高职位时，我认为“当个上班族”这个局已经差不多搞清楚了，有了大小通吃，而且中外适用的思考模型，于是我给自己一个新的挑战：投身创业之路，并且持续改善我的思路。

我强烈建议你，凡事不要光专注在执行层面，而要体会背后的思维，进而建立出一套专属于自己的思维模型。这样才能做出彻底的改变，而且是好的改变！

大脑使用手册（二）：独立思考，从怀疑开始

某甲有次访问一位“推理大师”，并跟大师讨教推理的技巧。

大师：推理其实不难，我示范给你看。请问你家里有割草机吗？

某甲：有啊！

大师：会买割草机，表示你家里有草坪，我推断你住的是独栋房子？

某甲：没错！

大师：住在独栋房子里，代表你已有了家庭，而且娶了老婆，所以你应该是异性恋。

某甲：大师太强了，居然从割草机推论出我的性向。我懂了，推理实在太有用了！

某甲于是很高兴地回去，急着想试试新学到的推理技巧。隔天遇见了同事某乙。

某甲：你有割草机吗？

某乙：没有耶，怎么啦？

某甲：哈！我打赌你一定是个同性恋！

在科技越来越进步、教育越来越普及的今天，我们的思维推理能力，是比从前的人更好还是更糟呢？直觉告诉我，现代人因为信息泛滥，反倒越来越少思考，大家的脑子越来越懒惰，只有嘴巴（或是打键盘的手指）越来越勤劳，整个人类群体都朝向妄下断论、人云亦云的路线前进。这与网络时代所主张的思想自由、独立思考等价值，恰好呈现矛盾的反差！

像这样的例子俯拾皆是。

2014年，有则新闻引发了大家的关注，新北市有位8岁男童“误拿”了他人的安全帽。失主向警方报案，并且控告对方偷窃。男童的母亲在镜头前声泪俱下，宣称只是小孩子不小心拿错，却遭对方坚持告上法院，实在太不厚道。网络随即开始对那位失主连声挞伐，还有网友发起“肉搜”，要好好修理那位原告！没想到监视录像带公布后，发现根本就是母亲教唆儿子行窃，才让那位失主洗清冤屈。不对，冤屈真的洗清了吗？会不会有人没看到后面的新闻，仍认定失主无情呢？当初发起“肉搜”与厉声挞伐的网友，有没有人曾在自己的脸书上道歉或澄清呢？更不敢想是不是有更多类似案件，根本没有录像带这样的铁证？

再来一个事证。

台北捷运松山线通车的时候，捷运局公布了新的路线图。有网友以东京地铁路线图的风格重新绘制台北捷运路线图。一开始我觉得挺新鲜，也很有创意，但网友出现了严厉的批判，说人家东京的图如何好，台北的图如何烂，一股台湾处处不如人的负面主张，充斥了当天下午的脸书版面。直到出现设计专家发文解说，大家才知道原来台北与东京的地图之间，没有谁优谁劣的问题，原本设计理念与路网的特色就不同，这时网络上充满自卑的批判才缓和下来。我想当初绘制台北捷运图的团队，心中一定五味杂陈。

心理学上的“捷思”与“从众”效应，说的是人们在面对问题时，常常以直觉当作判断的基准，或是跟着大家的想法走。原因在于人类虽然有颗厉害的大脑可供思考，但“用大脑思考”其实跟“用洗碗机洗碗”很像。虽然洗碗机功能齐全且价值不菲，但只要启动就会消耗很多能量，而且要花费不少时间，所以久了也就被闲置在一旁。更何况我们生存的这个时代，每天要处理的信息实在太多太杂，凭着感觉走，跟着大家做，可要轻松惬意多了！

但这种轻松惬意，很可能引导我们到一个危险的境地。手机、脸书、LINE 让大家拥有前所未有的信息传播能力，但相对于这种能力，我们的思维深度却越来越弱，越来越容易受到媒体或个人（例如声泪俱下的八岁男童母亲）的操控。超强传播工具配上超弱的思考能力，就好比让一群五岁小孩待在木屋里，然后每人发给他们一个打火机，结果一发不可收拾。

如何锻炼思考的能力？我的答案是“酝酿”“反思”“假设”与“验证”这八个字。这点可以用另一则新闻“救护车挡道”事件来说明。

电视上每隔一阵子就会传出救护车（消防车似乎比较少）被汽车驾驶员刻意挡道的新闻。有些事件的驾驶员被揪出来逼着道歉，也有网友直接把问题归咎于台湾人的道德沦丧、公德心低落，并且发布出国外驾驶员自动让道的影片，来与台湾人的自私对照，大家骂爽了之后通常也就没下文了。

但事实真的是如此吗?

在“捷思”与“从众”的作用力下，人们收到信息后会倾向把事情简化：对八岁小孩提告 = 恶人；和东京捷运地图不同 = 台北较落后；阻挡救护车 = 没品。这些不经思考的直觉反应就像是“情绪排水孔”，当信息像水一样流入时，大脑却没有咀嚼信息并进行思考，只是迅速地排出与发泄。这样的模式纵使科技再进步，信息再畅通，思考仍是一样的枯竭。

所以该走的第一步，就是将眼前的讯息好好“酝酿”一番。这世界上喜欢议论的人太多，不差我们的意见，让信息在脑中沉淀一下，并且进入“反思”的过程。所谓反思，就是与“直觉”唱反调，思考是否存在其他的可能性。当大家都说救护车被挡道是因为台湾人没公德心时，我们不妨想一想，有没有任何可能其实与公德心无关呢？若真如此，为何很少听到消防车、警车被挡道的新闻？这就是所谓的“批判性思考”。拥有批判性思考习惯的人，反倒不会急着批判事情，而是在下定论之前，反向思考其他可能的原因。

反思的过程会引导出很多“假设”，这就进入了第三阶段。像是救护车挡道一事，除了纯粹驾驶员没品之外，我也想到另外两个假设：第一，很多驾驶员根本没察觉到救护车；第二，虽然察觉到救护车，也愿意让路，却不知道如何做才好！

趁着出国时，我试着“验证”我的假设，也就是第四个阶段。观察下来后发现，与美国和日本相比，台湾的救护车真的非常温和低调。去过美国的人应该知道，美国的救护车非常大声，从旁呼啸而过时不少路人甚至得捂住耳朵，而且上面警铃不会只有一个，而是像七彩霓虹灯一样疯狂乱闪，大老远就能注意到。去东京旅游时我也发现，日本人虽然低调，但救护车也比台湾的要强势许多。毕竟驾驶人车窗一关、音乐一放，完全忽视身后的救护车也是有可能的。

另外，美国与日本的救护车，广播除了跟警铃一样非常大声外，也常听到救护人员用喇叭对车流直接下达指示，例如“内侧所有车辆靠左，外侧所有车辆靠右”“红色 Toyota 请进入路肩”之类的。这点非常重要，因为欠缺明确的指示，身处车阵中的驾驶员真的不知该如何让道，有的车往左闪，有的往右闪，让了等于没让。我自己听过台湾救护车的广播，不仅声音太小、说话太温柔，也未必有给予车阵明确的指示，这或许也是问题之一。

以上观察，只能说“验证”了一半。若我是相关单位，便会进一步去调整救护车的警笛与音量，并且给予驾驶员相关的训练，再来检视挡道的状况是否改善。我想这会比网络上的指责多点建设性。虽然身为网友的我们，难以直接执行这些措施，但至少多观察，多想想，一方面训练思考，同时也不要轻易就贬抑自己的素质。

以上“救护车挡道”的议题，只是一个思考训练的实例，重点不是谈谁对谁错，而是掌握事情的多个面向，进而找出可能的解决之道。习惯以思考来看事情，自然能为自己的人生开创新格局！

看新闻的三种必备态度

很多人说“新闻节目”是社会的乱源，尤其现在的新闻有越来越综艺化、无脑化的倾向。“小时候不读书，长大会去当记者”，也成为大家调侃记者的俏皮话，不过我觉得观看者本身的心态也很重要。在这个资讯泛滥的时代，不光是新闻，所有的信息我们都应该思考过滤，而非全盘接收，这才是对自己负责的态度！

有些人嘴上爱批评新闻媒体，但电视一打开却又跟着新闻内容起舞：要么大力批判自己不熟悉的人、事、物，要么抢搭自己没搞懂的风潮，许多重要的人生选择就在从众与跟风的状态下，迷迷糊糊拍板定案，最终面对的还是只有自己。

新闻不是不能看，而是要用“脑”看。以下三个接触新闻媒体的态度，会帮助你筛选真正有用的信息，成为人生选择的助力而非阻力：

一、看戏，但不入戏

戏剧节目中，常常有正反两派的角色，在剧中我们都希望邪不胜正，但在剧外许多饰演反派角色的演员也大受欢迎。像《后宫甄嬛传》里饰演“华妃”的蒋欣等人都是。这种对于反派演员的欣赏，是人类理性思维与智识进步的结果，因为我们知道他们不是真的坏人，也知道要把坏人演得惟妙惟肖是值得佩服的。反观20世纪60年代电影《梁山伯与祝英台》爆红时，饰演梁山伯的凌波不管走到哪里都是万人空巷，群起欢迎；但饰演反派角色马文才的演员蒋光超，竟然在街上被“梁山伯”的粉丝指着鼻子痛骂。前几年甚至还听到乡土剧中饰演坏女人的演员，被“入戏太深”的戏迷当街吐口水……这些行为看来令人莞尔，但面对新闻时，同样有不少人熊熊燃烧着“沙发上的正义感”。我很想提醒他们：先生／小姐，你入戏太深了喔！

“人生如戏，戏如人生”，新闻事件中的每个人物都在扮演自己的角色，因此一定有“角色设定”：各自抱持不同的欲望、立场、难处以及宿命。但我们看新闻时，往往迫不及待辨识“谁是正派、谁是反派”，然后选队站，情绪也随之起舞。这样对理性思维的培养不但没帮助，反而容易产生偏见，甚至容易遭有心人士煽动。

企业家戴胜益有次在演讲中提到“跟爸妈借钱交朋友”，以及“借不到五百万别创业”时，很多人对他讲的话激动地大肆抨击。其实我们该想的是：这位事业有成的大老板为何要说这样的话？他大可默默赚钱、静静享受成果不是吗？说这些会造成争议的内容，有什么样的用意？若能够这样想，才是真正思考全局，而非只看表面的解读。

二、事出必有因

这是指别急着贴标签，先客观分析新闻中当事人的言行。如果看到商人就觉得他们死要钱，看到政客就出现好斗的印象，往往会错过精彩好戏，少了一个锻炼思考的机会。举个例子：之前号称面包采用天然素材、实际却加了香精的胖达人，仔细想想就会发现案情并不单纯。如果面包店经营者像吴宝春一样，以做面包为职业，用些香料或许在所难免；但公开坚称“纯天然无香料”就太冒险了。毕竟面包只要料好味美，又有名人加持，即使有食用香精，消费者应该也能接受，但大张旗鼓强调天然无香精，却又把香精大剌剌地放在厨房让检调发现，总显得不太合理。事件发生时我就跟朋友讨论过这个问题，觉得应该有弦外之音。果然后续新闻爆出了因为股权争议，而有股东去告密并布局的故事，让一开始的疑惑有了解释！所以看到反常识的事情，我们其实都该探究背后是不是还有什么我们没看到的片段。这样才能让我们的思考能力在看新闻的过程中不断扩展。

三、如果是我，会怎么做?

最后一个心态，也是最棒的思考模式，就是边看新闻边自问：“如果我是当事人，会怎么做？”像不同政党的政治人物出现论战时，双方在网络上往往各有支持者，都想证明我是对的、你是错的。其实这种意识形态之争根本不会有结果。身为理性观众，别急着去选边站，先把整件事当成难得的研究个案，将自己套入双方的角色来思考对策，就像猜测电影的结局一样。过个几天再追踪一下新闻事件进展，观察剧中人是否如自己的预料行事。这就像是从旁观察高手下棋，推测彼此的步数，进而提升自己的思考与判断力！

《名侦探柯南》里的“毛利小五郎”，每次有凶案都急着从表面下判断：例如看到有人拿着沾血的刀，就立刻断定这人是凶手。结果最后总要靠柯南做深度调查，才能揭开隐藏的真相。对于时事的判断，我们该学的是细心的柯南，而不是莽撞的毛利小五郎。别急着下定论，更不要选边站或武断地批评任何一方。锻炼吸收信息的分辨力，才能提升人生的决策质量！

第三章

个人理财的选择

用钱、理财、投资，是我们成为大人后的另一个重要人生难题。对大部分的人而言，金钱永远是个不充裕的资源，所以如何妥善配置，始终是个让人伤神的问题。

老一辈都跟我们说：省钱是美德、有土斯有财。但这些习以为常的老观念是否真的牢不可破，是否一定能带给我们更好的人生？其实中间也有很多值得思考之处。接下来的篇幅中，就跟大家一起来聊聊怎么用钱，如何省钱，该怎样花钱与存钱的一些想法吧。

你选择用钱投资什么?

之前去某个大学演讲。结束后有两个年轻的女生来问问题。因为问题本身有点复杂，所以当我解释完，发现对方还是有点困惑时，我就跟她们说，这个概念其实有好几本书提到。当下我凭着印象给了她们几本书的书名，请她们去书店找来看。

不过当我说完之后，这两个女生却互看一眼，然后腼腆地回复："可是，这样要买四五本书，感觉好贵喔！这些内容有没有哪里……嗯，比方说网站之类的免费资源可以查到？"

听她们这么一说，倒是换我瞪大了眼睛，不知道该怎么回应。

她们看我没回答，又补了一段："你知道，我们两个还是学生，没什么钱。如果能有免费的资源就太好了！"

我低头一瞄，看到这两个女生打扮得都非常时尚，肩上各背了一个某名牌的大提包。我对名牌没什么研究，但猜测这个包应该上万元跑不掉，只是一下看不出来是真品还是高仿品。但撇开包包不谈，两人还一人拿了一部最新款手机，看起来应该是真品无误。这就是让我不知道如何回应的原因：一方面两人用着名牌包与最新款手机，另一方面却又跟我说没钱买书，这实在让我不知该怎么建议才好。

近年有些年轻的朋友来找我问问题，但给了方向之后，对方却摊摊手说自己没钱（比方说鼓励他们去上某些课）。若是真没钱的人说自己穷，我当然可以理解，也愿意多花些力气帮他们想想更便宜的替代方案，但有更多人从他的手机跟身上的行头看来，怎么看也看不出贫困的感觉。

我认识很多学校老师，有时也会听到他们说："现在很多学生嫌课本贵，跟老师反映没钱买课本，甚至要求老师改教材。"可是这些同学却有钱买手机、买计算机、买平板，3C 产品全都有，而且还都是最新、最潮的机种。

所以他们是骗人的喽？其实他们也没有骗人，我相信他们手边的资金真的很吃紧。原因正是花了上万元买最新款手机（或其他东西），而且往往还是靠分期才能买下。所以后续为了要分期还款，以致手头真的很困窘，连吃得好一点都没办法。若还要买超过千元的书籍，一定会唉声不断。

但我一直觉得这种状况有点不太对劲，大家花钱的方式应该反过来才对。像我自己，宁愿让手上的资金保持宽裕，需要买书时也会毫不眨眼地大买，但绝对不会把钱过度花在手机或包包这些东西上面。

我的概念是这样的：书本这东西，其实是别人帮我们把知识有系统地整理好的结果。以台湾的书籍而言，一本平均约两、三百元[①]，等于外面简餐店一顿用调理包制作的餐点金额，即使贵一点的书往往也不过是千元出头。但你买下的可能是受用一辈子，甚至帮你赚一辈子的能力。这种投资，其实真的太划算，也太便宜了。

所以当我想学什么新东西时，我自己的习惯是，先问问大家这个领域的哪些书最好。如果身边没人能问，那就上书店把评价不错的相关书籍一次找来，五本也好、十本也罢，一次打包买回去。买回家后，尽快把不同专家的观点都看过一遍，如此就能对这些知识有个快速认知的框架，还能借此吸收到不同的观点。这样做要花多少钱？往往不会超过两千元。看完如果觉得好，就留下来；差一些的就捐出去或以废纸回收。从长期成长的角度来看，这样其实“一点都不贵”。

吃东西也是一样。很多人省钱买手机，身上却因此没钱，只好餐餐吃泡面，或是吃很便宜的便当，喝很便宜的大杯手摇茶。老实说，我觉得这实在不太对。怎么能牺牲身体健康，把钱省下来买奢侈品呢？食物是一分钱一分货的东西，虽然贵的未必一定好，但太便宜几乎都不会是好的！

当然，有人会觉得买部最流行的手机，能让同学与朋友羡慕自己，又可透过手机维持友谊，还可以透过手机上网看新闻、装些 APP 自我

①本章所涉及货币单位为台币。

学习。而且一部手机好好用的话，也可以用个三年，这不是很棒的长远投资吗?

但我得说，像手机这种东西，越潮的在初期越可能缺货难买，之后退流行的速度也越快。今天新款的 iPhone 或许还很酷，但明年大概就落伍了。如果你不介意别人的眼光，只要没坏，当然可以一直用下去。但大部分追求最新规格的人，就是会介意别人眼光的那群人。所以原本自以为能用三年，但一年其实就换了新款，这类追逐是永远没有尽头的。

但若你愿意买部平价的手机，省下一半以上的钱，平常让自己吃好一些，每个月多读两本书。同样三年过去，你绝对会比别人成长更多。假以时日，这类成长会反映在收入上，届时你将更有能力买更多的物质，而且维持同样的成长动能。但若你每年都把钱浪费在无力负担的物质炫耀上，长期吃不好，总是没钱自我成长，时间越久，能负担的物质炫耀品将越差。此消彼长，人生将会变得越来越不如意啊!

你说，难道真的不能追这类 3C 的流行品吗? 当然也行。如果你已经在工作上有些成就，收入不错，行有余力“有些闲钱”，想玩手机、玩平板、买包包，倒也没什么大不了的。但千万不要因为买这些东西把自己搞穷，压缩到自己的生活预算、学习新知的预算，以及让家人快乐的资源。如果赚来的钱都只是花在买些吸引别人目光的东西，那就真的太不聪明了!

买房子与租房子的两难

前面提到我们该反复辩证那些习以为常的老观念的适用性，买房子其实也是一个类似的问题，这在某种程度上也是“群体催眠”的一种。我们以为出于自由意志，实际上却可能是受到文化、媒体、建商的心理暗示，掉入“群体盲从”陷阱而不自知，现代人很多不快乐都是由此“执念”而生。我相信这个心结一解，眼前多半能豁然开朗!

这个时代，自有住宅的必要性被严重高估。当然，如果你有能力以现金购房，或是工作稳定，将来没打算换跑道，房贷又没超过可支配所得三分之一，那买房子对你而言会是利多于弊。但如果你不属于这样的族群，我劝诸位一定要冷静思考。你可以一窝蜂地买团购美食，可以跟风买最新手机，但若只因为“大家都这么做”，或听信一些似是而非的观念，因此背上20年的房贷，那就不太对了。

以下是买房子常见的理由。每个表面上都对，但背后都有前提假设或时空条件:

迷思一：拥有自己的房子才有安定感

基本上是对的，有自己的房子就不必看房东脸色，可以随心所欲装潢，享有一切自主权。但问题在于：你愿意为这自主权付出多少？简单算一下，你可能会吓到：

以总价 1000 万的住宅为例。假设自备头期款 300 万、贷款 700 万，用年利率 2.5%，贷二十年计算，平均每个月本息摊还约 37000 元；但在我住的地区若用租的，每月只要 15000 元。二十年价差与头期款加起来，买要比租多花 828 万！虽然租房子的人有被迫搬家的风险，也不能任意在墙上钉钉子，但有 828 万的差额可利用。而买的人等于多付了 828 万的“安定感贴水”，实际上也只是住在一样的房子里。

这“安定感贴水”是否值得，见仁见智。如果心里明白这个成本，但仍觉得要拥有自己的房子，那至少当事人知道自己在做什么。但如果只听到“租不如买”这类建商口号，或看到同事都买了房子所以跟着买，那就让人捏把冷汗了。

一般上班族，除非月薪超过 10 万，否则本息摊还将是巨大的压力。万一景气不好，工作出了问题，很容易就陷入走投无路的困境。此时拥有房子的“安定感”又剩多少？

迷思二：有土斯有财，买房子也是投资

到底是有土斯有财，还是有财斯有土？这是个耐人寻味的问题！

古人有这句话，是因为土地在农业社会是主要的生产资本。员外把土地租给佃农耕种，收取地租，就像现在的包租公包租婆，是好投资没错。但前提是员外跟包租婆自己都有房子住，额外出租的土地（或房屋）只是纯粹的生财工具，而非庇护所。这是跟一般人最大的差异。

或许你会说：我将来可以卖房子，赚取上涨的差价！

姑且不论折旧和跌价的风险，就算将来暴涨一倍，出售后你又能住哪？若想住同样的地段，因为所有房子都涨价，最后还是得买类似的。所以只剩两个选择：一是去偏远地段买便宜的房子，但得牺牲便利性和熟悉的环境；二是卖房后在原地段租房。但如果一开始就用租的，好好理财，说不定闲钱还更多。

迷思三：房子是资产，付出的房贷终究是自己的

在会计学上，房子是资产没错，但在心理学上，房子绝对是负债。

自住的房子直到卖掉那天为止，都无法带来任何收益；但你欠银行的贷款却会持续数十年、吃掉一大半收入。当然，背债在某种程度上也算是强迫储蓄，有激发潜能、努力存钱的效果。但话又说回来，你若真只是想强迫自己储蓄，有不少理财工具都可以达成目的，重点是流动性比房子好太多了。万一临时需要用钱，变现也容易得多。

迷思四：房子当房东，租金会自己养房子

我是从《富爸爸，穷爸爸》书中第一次知道这个概念。作者提到，如果有能力付自备款，就可以买间房子租出去，因为租金收益高于房贷支出，所以会产生正向的现金流，成为“被动收入”。这概念虽然让人兴奋，但做点功课就会发现，“租金高于房贷”的现象在台湾极为罕见。仅有少数几种状况有机会靠出租房子赚到所谓的“被动收入”:

1. 房子是现金买的，或是贷款很少，租金收益算起来有可能比定存要高;

2. 租黄金店面;

3. 住宅重新装潢，切分成许多小单位，分租给上班族或学生。

即使如此，那也得确保出租率够高才行。台湾房市是个高效率市场，大家都玩得很精了。类似逢甲商圈这种出租率超高的地方，像刘妈妈这样的炒手早已布局。假设你是个上班族，要玩这样的游戏，还是想清楚比较好。

但《富爸爸，穷爸爸》也不是都在鬼扯。在美国，因为普遍不太储蓄，置产观念跟华人不同。加上租金确实超过房贷不少，所以只要有自备款，买户好的物件再出租，是不错的投资。但你可别忘了: 我们在台湾!

迷思五：居住权益等于买自己的房子

看完上面四个迷思，你可能会想，那我们小老百姓怎么办？我们也有居住的权益啊！

说到“居住权益”，每天都有名嘴炮轰政府。但期待政府打房、让房价回到大家买得起的水平，可能吗？

其实全球大都会都有一样的问题。以纽约来说，即使薪水不低，也没人考虑在市区买房子，因为买了只会降低生活品质。所以上班族想要通勤方便，会租市区的房子。看重生活质量的，才去郊区买房。坚持在都会区买房子才有“居住权益”的人，不是不对，但可能会非常辛苦。

以上五个迷思，无论你是否认同，重要的是有没有在买房前想过一轮，并得到一个属于自己的答案。同样的，不管你是迫于无奈或出于自由意志，租房所带来的正面价值，也同样该想过一轮。所以接下来我想谈谈“只租不买”在现在这个环境下带来的利多！

价值一：自由度

房子是“不动产”，一买下人就“动不了”。可若想要更高的薪资、更好的发展，就得考虑往国外走。现在的上班族很难期待一辈子只待在台湾，想想十年前你周围有多少人在海外工作，现在这数字又是多少？未来 10 年或 20 年呢？虽然有房子还是可以派驻外地，但问题会复杂许多。

即使只在台湾工作，如果大半薪资都用来付房贷，职场自由度也会大减。受制于房贷压力，在职场的谈判筹码会降低，不得不忍受麻烦老板或不喜欢的工作职位，甚至放弃潜在机会。若因为过早买房子而放弃未来的可能性，实在可惜。

价值二：有效降低风险

很多人把房子想成不会损坏，可以增值的永久性资产。但全球气候变迁对建筑的损害很惊人。这几年地震、暴雨频繁，当建筑物出现裂缝时，身为房客只要确认安全就好，但房东就伤心又伤神了，有时甚至还得伤荷包。

居住环境也是个风险。不管事前再怎么研究，都无法保证周遭环境如何。像遇到恶邻居或地下工厂，租房者碰到的话最多搬走，但对屋主来说，将是一个棘手的问题。

价值三：延迟享受的力量

当人们追寻一项事物，幸福感会随着成功的逼近逐渐升高，当真正追到手时，幸福感达到顶峰，但随即开始反转向下。不论是追逐爱情，追逐金钱或是名利，最耐人寻味的一段历程，其实是即将追到却还没追到的这一段。如果一个人常常处于这样的历程，我相信他的情绪与动力都是最佳的状态。这也是我呼吁年轻人不要急着买房子的原因，因为太早拥有房子，除了可能有财务上的压力，也会丧失前进的动力。

价值四：金钱运用更灵活

越来越多的企业倾向租用设备而非买断。小从影印机、公务车，大到生产设备甚至波音 747，目的都是让金钱使用更灵活。买房子对一般人最大的问题，就是限制了金钱的使用自由。虽然涨价出售可以获利，但赚到差价是多年后的事。而且人往往把未来的收益看得太大，当下拥有的价值看得太小。现在的一万元，绝对比 20 年后的一万元更有价值。

另外，人生很多机会只有一次。经济不宽裕却勉强购房在某种程度上，是把小孩的教育经费、陪伴家人的旅游经费投注在房子上。就算多年后有了钱，但花钱的机会却过去了，岂不遗憾?

价值五：精简轻盈的生活

我们常高估了自己需要的物品，绝大多数是“想要”而非“需要”。有自己的房子后，会更容易花钱采买物品，原本够大的房子，几年后就会嫌小了。租房子比较能遏止乱花钱的冲动，反正房子是身外之物，心思更容易回归到生活的本质，而非物质。

总结来说，如果你是个暂时无力买房，却因此苦恼甚至愤愤不平的人，建议你一定要换个角度思考：房子本来就是“奢侈品”而非“必需品”。把它当成一个美丽的目标来追寻，在年轻时努力工作、认真投资、谨慎理财，等年长些，钱够多的时候，再尽量用较高比例的现金购买，当作多年辛苦的慰劳品。先以通勤便利为考量租房子，或许是相对较理性的策略，毕竟背着重壳的蜗牛可能比无壳蜗牛更累。话说回来，当个枝头上的黄鹂鸟，不是比蜗牛更轻松惬意吗?

用钱的方式，决定你的快乐程度

我朋友的生活出现了一点风波，原因跟“钱”有关。简单交代一下：我朋友是个女生，她和男友多年前共同买了一间高级社区的房子，就在男生妈妈家的对门。一开始还相安无事，但后来男友的妈妈生病，常常大白天跑进来吵闹。可她是晚上工作的人，白天男友上班，只有她一个人承受一切，完全无法睡觉，结果竟然也忍耐了一两年，搞到自己精神衰弱。虽然有看医生、吃药解决失眠问题，但情况一直恶化，最近已经开始接受心理咨询。我劝她至少暂时搬离那个地方，但她就是舍不得那间房子。

说到这，你可能会觉得是因为“钱不够”。但她其实能力很强，很会赚钱。那么问题是什么？我认为是价值观，也就是花钱的方式。

关于花钱，我记得第一次拿到零用钱时，父母就不断地提醒：“吃东西不要省，买书不要省！”所谓“吃不要省”，绝对不是要你三餐吃得多高级，而是“不要刻意为了省钱降低吃的质量”。原因无他，只因和“健康”有关。我父亲常用他朋友的遭遇警示我：一位数十年来只吃便当的伯伯，刚满 50 岁身体就出了毛病，一部分原因正是饮食出问题，结果多年省下来的钱都给了医院。

人跟小婴儿其实没两样，只要“吃得好，睡得好，幸福就不会少”。所以在吃的方面，我比较不会将“省钱”列入选择食物的考量。古时候穷苦人家为了一餐温饱辛勤卖命，现代人也是在辛勤卖命啊！如果连口腹之欲都无法满足，岂不是越活越回去？

另外要提醒男生们：多数女生对“吃”这件事相当执着，一定要尽量满足她们。我一个女生朋友怀孕时想吃樱桃，就因为老公嫌贵多说了几句，结果现在小孩都上小学了，她还在抱怨。用一盒樱桃换个满足的笑容，很便宜啦！

睡眠也是。人生有近三分之一的时间在床上度过，买好的寝具，跟你旁边躺的是谁一样重要。如果你现在睡得舒服，就不用在意是多少钱买的；但如果睡不好，就该考虑换一套新的，不要因为省钱牺牲掉三分之一的人生。

人生在世，变化无常。辛苦工作赚了钱，却委屈自己天天吃平价便当，睡在腰酸背痛的床上，然后把省下的钱送给银行和医院，实在没道理。而且要让周围的人开心，自己一定要先开心，让自己吃得满足，睡得舒服，是对自己最基本、最重要的投资！

保守的长辈可能会说，钱都花掉了，将来怎么买房子跟车子？我倒想问，为什么一定要买房子跟车子？每次和朋友聊到这点，都常被众人“围攻”，他们认为我要雅痞，不重视安定。其实我并非一味反对置产，我也很想要有房子和车子。但我想说的是：买房子与车子，要先评估个人能力，搞清楚为什么要买。许多人过得不快乐，根源就是因为房贷与车贷。

前面我们算过了买房所承担的风险与责任，买车其实也是类似的状况。以台北而言，试算后你会发现：即使是最普通的车款，加上维护成本，每个月分摊下来都比天天搭出租车还贵。当然，车子不只是交通工具，还有其他周边效益。但就目前来说，我会省下买车的钱，尽量让自己每天吃饱睡好，精神百倍！

但不买房不买车，并不代表我不存钱。对创业者来说，现金储备很重要。如果我有把握买下喜欢的房子或车子后，不会拉低生活质量或造成心理负担，那我当然会买。只是难免常看到同年纪的朋友，被社会给制约了，仅仅因为年纪到了或结婚，就像执行预设程序一样买车买房，就算台北买不起也要买林口三峡，每天花两三个小时通勤，平常缩衣节食就更不用说了。有时他们羡慕我住在捷运边，出租车随手招，我只会说：“我有的你没有，你有的我也没有，一切都只是个人选择。”不过我心里想的是：这些人在选择之前，真的有思考过吗？

有人说，中国人把钱留给“未来”的自己，老美把钱留给“现在”的自己。我觉得这两者都太极端了，应该均衡一下，因为人生不外乎以下两种结局：

死的时候，钱还没花完——亏了！

钱花完了，人却还没死——惨了！

有位经济学家说过，“资源分配不均”造成的问题，比“资源不足”更严重。朋友的例子，问题并不在缺钱，而是价值判断的两难。我们是否可以多用些思考与理性，试着在“亏了”和“惨了”两者中另辟蹊径，来个漂亮的平衡。在你被习以为常的观念束缚前，请重新想想：你到底是“需要”（Need），还是纯粹“想要”（Want）？

多花钱，就一定是不好的选择吗？

之前曾注意到一款游戏，当时刚好正在进行促销。只要在特定时间内预购，不但可以用九折价购买，还能提早下载。但如果没有参加预购，正式上市之后就会调整回原价。

在此先问大家一个问题：同样的游戏，你会多等几天以原价购买，还是在预购期间用九折的价格下单？

你读到这儿，可能会想“这个问题八成有陷阱”。其实问题本身没有陷阱，除非预购，否则正式上市之后，买家就没有任何优惠了。这个问题，完全只是问用钱的价值观。

如果你还在犹豫，那没关系，我自己先讲：那次，我是付比较多钱的那个傻瓜。

当傻瓜的原因在于：预购的风险向来很高。除非是很有“爱”的商品，否则我多半宁愿等一等。尤其游戏这种产品，宣传内容跟实际状况可能有落差，所以不熟的厂商，我通常会等正式上市，看到市场评论后，再决定要不要买。虽然这样会多花一点钱，但那些钱并不是没有买到东西，至少我买到了“确保整笔交易不会浪费的保证”。换言之，多花的那笔钱，就是整个交易的保险金。

好，我要再问大家另一个问题：如果你一开始没注意到有预购这件事。等你发现时，预购期已经过了，所以价格涨了上去。请问错过预购的你，还会选择购买吗?

这问题的答案，恐怕就有比较大的分歧了！我猜多数人应该会说：“比较贵？那就算了。”没错，包括我自己，在准备要多花这笔钱时，也是经过了一番“心理挣扎”。

为何会有心理挣扎呢？因为大部分的人在交易上有一个“心理账户”：我们会记得之前的价位，一旦价格往上调整，就会开始抗拒购买。这在心理学上称为“锚定效应”（Anchoring effect），也就是之前出现的价格，会变成后续的参考价，使人不愿追价购买。这现象在投资方面尤其明显，例如某只股票的股价是 100 元，你试着以 100 元下单，但没有成交，最后收盘价多涨了 5 元。假设你看好这股票长期的走势，那理论上第二天你应该要继续追价购买。但很多人看到涨 5 元，往往就不愿追价了，只会暗暗祈祷：“股价如果掉回 100 元，我就买。”所以这 5 元的差价，其实造成了一个心理门槛。但如果真的看好长期的获利，5 元的差价其实不应该变成阻止我们进场的理由。

当然，我不是说买东西应该要追价。尤其像游戏这种商品，就算没买到也不用急，因为总有一天会特价。我想讲的是：“省钱”恐怕是多数人从小接收到的家训。所以对于如何省钱，常常是很多人思考与决策的优先条件。只要能够省钱，就会觉得是“对的决策”。一旦必须多花钱，则会思考能不能“再多拿一些东西”。如果多花钱却没有多得到实质的利益，大家会觉得这个交易不划算。用现在的流行语来说，就是“CP 值不够高”。而大家对于 CP 值不高的交易，普遍抱持很高的罪恶感。

但我得说，钱其实就是一个交易的媒介。我们花钱买的，未必一定要是实质的东西。花钱节省时间、花钱买保险、花钱买人情、花钱买将来的收益，其实都是好的花钱方式。

所以回到开头的例子：预购期不买，但等到信息更明确后才花钱，多出来的费用并非浪费，而是买个保险，用来确保交易本身够聪明。因为多花这么一小笔钱，才能确保买来的会是自己喜欢的东西。这绝对比急忙想省钱，结果却买到个烂游戏、玩一下就不玩更划算。至于日常用品，如果某个东西是真的必要而且合用，到店里后却发现涨价了，这时候其实也应该买回来。多付的钱并非浪费，而是让自己不用忍受不便，也不必继续到处搜寻，从而节省了时间。所以如果转个角度思考，多花钱也未必都是不好的。

此外，如果一心只想着要省钱，有可能会错过更多东西，例如“机会”。

有一次在我们开设的商业模拟经营课程上，看到其中一组学员就很努力地在缩减开支：包括裁员、降薪、减少进货等等。可是他越这么做，店收入反而越不见起色。

回头检视倒也不难理解，毕竟做生意时“开源比节流的重要性更高”，过度节流会让店面人手不足、进货不够，使销量下降与薪资缩减，结果反而造成员工效率与营销预算降低，让生意变得更差。在恶性循环下，生意经营的基础也不稳了，这表示一味省钱不见得是好事。

所以，大家都该努力打破脑中的捷思机制。毕竟我们有许多从小学到的根深蒂固的原则，但成长的过程中，应该不断辩证这些原则是否能一体适用于日后的每个选择，而非只是直觉地使用这些原则。

千万不能过度依赖某些原则而停止思考，不能让自己在直觉上有“因为符合某个原则，所以就是好的”这种快速结论。省钱有好的省钱，也有不好的省钱，并非只要能省到钱就一定是好。在做任何结论前，请停下来缓一缓，多想想，或许会有不一样的心得与选项出现！

金融投资的十二个原则

谈了这么多用钱的选择，在这章节的最后，想跟大家分享一下这几年我陆续领悟到的投资原则。这些原则，是我自己觉得要是能在25岁的时候就能知道该有多好的事。每一则都很重要，也是我这几年在金融投资上选择的基石，所以特别想在此分享给大家。除了提醒可能的投资陷阱以外，也希望大家在投资的“选择”上能想得更全面。

一、别梦想一夜致富

进入金融市场时，首先该有的观念是：别想一夜致富。

很多黯然退出的人自认运气不好，但我觉得他们是在“不必要的时间或状态”上承担了过高的风险。明明懂得不多，却因为贪婪，或因为市场看似一片大好，或因为他人怂恿而过度借贷，赌上全部身家在一个他认为“错过会后悔一辈子”的标的上。结果好运没发生，反而被市场逼着走人。这种状况最惨的还不只是损失金钱，心理上的重击更让人意志消沉，甚至再也不敢做任何投资。

之所以把这点放在第一项，是因为刚进市场的人，通常会急着想追上别人。看到周围的朋友都赚了钱，自己却才刚起步。这份急躁感，会让人想要抄捷径。

但其实市场是循环的，有大涨也有大跌。这次错过了，下次还会再有。所以应该先让自己准备好，站稳脚步，这才是长期平安的策略。

二、只用闲钱

投资不可能只赢不输，所以需要周转，可能急用的钱，千万不要拿来投资。因为如果在金钱调度上有压力，就可能做出不理智的选择。如果投资的资金有使用的期限，也很容易会想“铤而走险”：在快要使用时赌一把。因此日常的重要花费，如生活费、学费、缴贷款、医药费和其他必须用途的钱，请放在另一个账号中，绝对不能拿来投资！

投资没有稳赚不赔的公式。手上的钱如果是必要花费，只要错一次，就会连带搞乱人生，最后陷入麻烦的境地。

三、不要借钱

比起拿急需使用的钱，借钱更是糟糕的决策。

借钱投资带来的压力更大。除了有本金偿还期限的问题，还有随着时间不断累积的利息。人在这种压力下，会更急躁并倾向要找能尽快获利的标的。可是能尽快获利的标的，风险通常都很高，也容易带给持有人较高的恐惧感。而恐惧感会让人在小赚时倾向逃走，在大亏时则被恐惧震慑而祈祷反转，很容易走向小赚大赔的模式。

借钱投资还有一个问题：赚的时候虽然获利倍增，但赔钱也是加倍在赔。一旦投资失利就要背债务跟利息，甚至连以后的人生都赔进去，得不偿失。

四、不要跟单

刚开始学习投资的人，最重要的一件事，是要在过程中逐步了解规则，进而慢慢学习属于自己的判断与操作方法。

换言之，在搞懂这些事情之前，不该盲目接收别人推荐的标的。因为没有经验的投资者，通常不具备判断力。若贸然跟单，下场通常都很惨，毕竟你不容易判断别人给的消息是“明牌”，还是“冥牌”。

就算别人没骗你，给你的也是真实的内线消息。但金融状况瞬息万变，三个月前还是真的讯息，现在可能已经不适用了。在聚会上告诉你他们工厂接到大订单的人，或许真是该公司的员工。可是聚会回去后没多久，工厂订单被抽走了，这讯息他未必会再通知你。除非是你自己的第一手消息，否则任何听人分享的部分，一旦状况有变，你都有可能不知道。若以此作为投资依据，最后还是可能会得到不好的结果。

此外，就心理学的角度，跟“高手”下的单，当他看错时，你绝对会赔很惨！高手或许有一个支持看法的依据，以及进退攻守的基本概念。比方说买进后突然发现英国脱欧的冲击，他可能立刻会调整策略。但是跟单的人未必理解这些，反而会因为“坚信”大师的分析而紧抱不动。等最后发现不对时，通常已经受伤了。

那什么时候可以听呢？以我自己的习惯而言，我其实是完全不听的。决定要进出时，甚至连电视、报纸、杂志、理财版都不看。因为人不免会被别人干扰与影响，最好把这些都隔绝在外，才能避免噪声的干扰。

相信我，真正有用的讯息，不会出现在杂志与报纸新闻上。大众都知道时，要不是时机已经过去，就是要倒货了。何必让自己成为别人利用的目标呢?

五、不要梭哈

无论多有把握，都别想一开始就梭哈！

如果你一次投入你可用资金的极高比例在同一个标的上，情绪压力其实是很大的。也因为压力大，很容易被人性驱使赚一点点就跑。但当走势不如预期时，人性却因为资金亏损幅度无法承担，反而会自我催眠说“再看几天好了”。往往原本只会损失 3% ～ 5% 的，但过了几天，走势更糟后，变成亏损 10%，这种状况会让人更难跑，眼睁睁地看着亏损幅度增加。

这样几次下来,其实很可能赔多于赚。还不如攻守有致地分批进场，在有获利保护下往上加码，这样心理压力比较小，也比较能真正获利。

六、一旦面临重度亏损，先退出

亏本时，千万别急着翻本。一旦有这个念头，就会出现类似赌徒的选择：下大单，随意乱买，期待突然喷出的行情。结果因为不切实际的想法，反而更快把剩下的资金玩完。

急躁是危险的敌人，不但影响决策能力，也影响处世的态度，容易在日常生活上焦躁易怒。到时不仅赔钱，还可能造成人际与生活的不协调。

这时最好的选择，其实是休息一阵子，反省、找寻前次失败的盲点与问题。如果没找到，不管运气再好，赚了多少或翻本，只要问题再度出现，就会重复面临重度亏损!

七、不要炒短线

尚未培养一定程度的感觉时，千万不要炒短线。某些时候，炒短线或许可以赚点钱：早上买，中午卖，就能赚一点差价。所以很多人不免想着：每天赚一点，一个月也有几万元不是吗?

但实际上不然。因为这样做，你会把自己暴露在两个风险中：

1. 错过真正的波段大行情;

2. 因为突然反向的意外走势而受伤。

虽然每天赚些小钱好像很快乐，但做短线的人因为每天都不留仓，所以波段行情涨势剧烈的一段常常是隔天开高走高，这时候往往跟不上。而盘中若有意外大跌时，却可能会因此受伤。换言之，又是一种长期下来容易赚小赔大的走势。

更不利的是，因为每天盯着盘面，所以把时间也赔进去了，却没有因此提高获利胜率，这其实很可惜。请记得：金融投资不是上班，没有稳定赚小钱的方法。应该让自己着眼于长期的大行情，而不该被短线的波动迷惑。

八、从长而短

最好一开始就从长期来判断，然后慢慢缩短时间周期。因为长期判断相对比较容易，也有较多的时间来反应变动。千万不要从短线开始介入，想说赚点价差就好。因为观察的周期太短，中间的变动可能会干扰对金融知识的吸收能力。应该先研判中长期的趋势，再来研究短期的现象，这才是有意义的学习方式。

九、态度要正确

无论以投资还是投机当起点，一定要坚持“原本定义的选择”：

千万不要从投资切入，中途却转为投机；或是从投机切入，结果中途转成投资。

这是什么意思呢？有些人进场时是为了抢短线，想赚两三元的价差交易。但等到下跌了，却跟自己说其实是想长期投资，干脆慢慢放着等将来回本的那天，这就是心态反复了。

但请知道，不同的交易态度有不同的原则。选择投机的话要有规律，该停损时就跑，而不是转移心态自我欺骗；若选择投资，认为有长期价值的话，也不该被一两天的涨跌吓到。

另外，无论投资还是投机，都不该把心思放在“黑马股”或“转机股”上。刚入市的人最喜欢选择数倍获利的标的，听到什么有转机就觉得可能获利好几倍。但新手介入投机成分过高的项目，死的机会其实很大。金融市场是个包装亮丽的吃人市场，并没有轻松好赚的东西。

十、注意信息不对称的问题

当你知道任何消息时，请想想下面的问题：

“你是谁？这么好的事情，为何让你知道？”

“为何选择你，而不是更有钱或更有地位的人？”

“知道这个消息，是因为你很特别，还是别人刻意让你知道？”

“为何一个陌生人自己不砸锅卖铁，借钱去买，反而选择好心地让你知道？”

很多投信、投顾老师一直叫人买股，说之后会上涨多少。但如果真这么好，大股东为何一直转让？说的人为何不赶快抢便宜？别的领域或许会有人推荐你好东西，但在金融市场里，好东西是不会被推销的；需要被推销的，则肯定不会是好东西。

十一、市场没有圣杯

投入市场一定要有心理准备，得花很多力气与时间去学习与研究，没有什么神奇的指标或轻松赚钱的方法。就算有，也不是电视里或网络上可以找到的，更没有加入会员就有人帮你赚钱这种好事。请永远记得小学老师教过的道理：天下没有不劳而获的事！

既然没有不劳而获的事情，与其花时间找必胜程序，单一指标，简单的买卖讯号，倒不如踏实学习、充实金融知识、了解投资态度、修养自我心境，培养耐心及磨炼“果断性”——果断砍单或是果断进场。人的一生很长，只要你方向对了，而且保持每年稳当的获利，复利下来，也能产生可观的收益！

十二、不要自满或极端

最后，就算偶尔看对一次赚了钱，还是该维持战战兢兢的心态，永远不要自满。保持谦虚，持续研究与修正。目前的方法可能适合特定市场，或是适合特定走势（如多头走势），但等到趋势改变时未必依然能一帆风顺。唯有保持对市场的敬畏，谨慎小心地慢慢走，才会走得久。

金融市场没有一成不变或绝对如何，有时候运气也占了一定的比例。即使赚钱，也不要嘲笑别人或自大狂妄，否则会陷入自己天下无敌的迷思。亏钱时更不该自暴自弃或急于翻本，应该找出盲点，别急着想靠一笔神奇的交易摊平。

以上这十二点，是我们在面对金钱投资的选择前，应该时时拿出来提醒自己的原则。而这些原则也能帮我们避开风险，并稳当地从金融市场中慢慢成长。

第四章

创业经营的选择

到目前为止，我们谈了职场，聊了人生，分析了投资理财，接下来我想谈谈创业与经营的选择。

虽然并非所有人都打算创业，但目前我们正处在一个快速变动的时代，应该要随时为自己准备好面对不同的可能性。就算目前是个上班族，也应该让自己跟公司保持一种平起平坐的关系，能像个一人公司那样过活，并让自己将来的可能性最大化。至于本来就已经打算将来要创业，或是已经踏上创业之路的朋友，这个章节谈到的诸多创业选择，或许更能给你一些不同的想法激荡。

创业的起点：选择你的商业模式

已经不知道多少次了，有人来找我谈他的“咖啡厅开店计划”。几乎毫无例外，当事人花了很多时间谈如何装潢，用什么豆子跟牛奶，打算提供哪些餐点之类的，却没想过更现实的议题。我每次问起来，他们多半也不当一回事，总觉得只要咖啡煮好，那些事情马虎一些也无妨。

这真的是许多人准备创业时的一大盲点，以为产品就是全部。但产品其实只是决定成败的一个因素，产品好不见得能让生意延续，不好也不一定没有竞争力。

事业若是在 Business Model（商业模式）上有根本瑕疵时，无论产品多好，创业者多努力，最后都无法存活。可是我看到很多想创业的朋友，常常没仔细想过各个面向，以致在我问对方的 Business Model 是什么时，对方往往瞠目结舌，甚至反问：“不就是做最好的咖啡，准备最好的环境，再卖给客人吗？”

以咖啡厅而言，多数人常常只考虑咖啡要比星巴克好喝，如何装潢，店面氛围等条件。但除此之外，其实还有很多核心事项要思考，例如想针对哪个族群？怎么定价？如何控制成本？怎么监控成本？品质要求到底该定多高？需要哪些员工？找哪些供应商？以及营运的核心流程如何制定等等。

这些要素对抱持梦想的人来说可能很无聊，感觉开店的浪漫情怀都被摧毁了。但如果没思考这些，生意就不可能长期持续。很多店家正是因为地点不好，成本控制不佳，无法长期维持稳定质量等因素，最终惨遭市场淘汰。

这几个要素，我们在后续几篇中会陆续细谈。这篇我想先跟大家强调的是：一个好的商业模式，除了产品，还得考虑以下九件事。

一、目标客群（Customer Segment）

你该思考这门生意的商品或服务，最后要卖给谁。是打算走大众还是小众的利基市场？是针对女性喝下午茶，还是针对想安静读书的学生市场？这些决定都会影响商品与成本的结构、装潢、地点、品质、服务流程等条件。就算咖啡好，用料实在，但开店位置的消费族群若不懂咖啡，可能会觉得你定价过高，干脆继续喝超市咖啡。在这种情况下，质量虽好但价格却无法应付成本，这项生意就难以持续。

二、价值提供（Value Propositions）

所谓价值提供，是指你的生意到底在卖什么。

很多人可能会想：“咖啡厅不就是卖咖啡？”但对顾客而言，价值未必单单是产品本身。有些咖啡厅是卖“解决商务人士的公事需求”，或“便宜使用无线网络的环境”，咖啡只是座位的门票。当然也有些店卖的是归属感、是气氛、是文青的小确幸，像星巴克就是卖品牌所赋予的品位。消费者未必是想喝咖啡，而是为了能买到手持星巴克Logo杯子走在路上的时尚感。

也因为每间店卖的价值都不一样，后续在做法、产品规格、质量要求、装潢布置、人力配置上也可能大不相同。让商务人士谈公事为主的店，可能场域要够宽广，隔音要好，而且有舒适的座位。但强调咖啡风味的店，就算只有小吧台，可能客人也不在意。这些要素都大大影响了店面大小、租金、装潢、人工素质、员工人数等不同的变因。

三、产品通路（Channels）

除了产品交送的方法，也要让潜在客户知道你的管道，并分辨你与他人的差异，了解客服处理途径等等。因为大部分想开咖啡厅的朋友都会花心思去想，所以这部分就不再多言了。

四、客户关系（Customer Relationships）

这是指你打算如何经营客户，让他们满意，并且重复消费。

比方说，你想经营温馨小店，让每个客人都能在吧台聊两句的话，就要找懂聊天的服务人员。若想吸引咖啡爱好者，或许会需要经营社群，请满意的客户拉人或上网宣传。若只是提供商务人士一个谈事情的场域，只要环境好、有免费 WiFi，就算毫无服务，让他们自己倒水端咖啡，通常市场也可以接受。

所以不同的目标与客层，会影响客户关系的经营。经营前必须先搞清楚自己要什么，才能设计符合效益的流程。

五、营收来源（Revenue Streams）

这是指生意该如何赚钱，并思索怎么让顾客增加消费。

有些店除了咖啡，可能还兼卖点心与简餐。有些店会靠租借、包场给别人办活动来赚钱。除了卖单次的商品外，也要思索如何让消费者增加购买。如集点活动让消费者一次买十杯，或是咖啡搭配套餐可折价等等。

商品定价虽然是关键，但并非价位便宜就一定好。这跟店面目标、客层定位，甚至是成本结构都有关系。如果每次月底结算都发现入不敷出，就算客人再喜欢，生意也一样难以维系。

六、关键资源（Key Resources）

创业时，该思考自己对关键资源的掌握度有多高。

以咖啡厅来说，豆子、咖啡机、煮咖啡的人，都可能是关键资源。如果自己不懂，就要在合理的成本下雇用（或取得）懂行的人才行。无法掌握关键资源，空有点子的话，是不能成功的。

七、关键活动（Key Activity）

简单说就是“流程”两个字。

即使完全掌握关键的资源，还是需要清楚的权责、做事方法、回报层级、分工、支援机制等，才能让大家整合成“一个团队”。如果缺乏好的流程设计，就算成员各有才华，最终也很可能只会争议不断。

就算有一两个极度的强者能一人身兼数职，也往往得忙得要死才能勉强把价值传达给客户。但这样操劳不可能维持一辈子，只靠人治也很难拓展生意。所以像麦当劳或星巴克这类企业，就花了很多心力设计流程、降低对人的依赖度。一旦流程设计够完善，就算最后大部分的员工是时薪人员，也能提供一定水平的产品。

八、关键伙伴（Key Partnerships）

除了创业伙伴，还得考虑这门生意会跟什么人合作。

毕竟咖啡煮得好，不表示点心也做得好，有可能会需要找外包协助。这样就得考虑质量、送发货、成本结构、存放、结账等。事业做得好，也可能需要策略伙伴一起合作，或需要有人协助扩张营运（例如再找人加盟）。此外，如果自有资金不足，可能还需要找人合资，或是找外部的投资人。这时候就要再考虑出资比例、股东权利义务、经营团队、财务报告，以及股东期待控制等问题。

九、成本结构（Cost Structure）

并非成本低就是好！若你诉求的是极品咖啡，这种我们称为Value-Driven的结构，客户定位可能是愿意付高价的极度爱好者，那成本结构考量就得以质量为优先。但如果是让商务人士有个落脚的地方，即使咖啡像洗碗水客户也不在意，那这种Cost-Driven的结构，或许可以尽量降低成本，虽然低价也可能维持合宜的利润。

其他还包括是否大量采购原物料（但不能忘了存放问题），或是如何分摊固定成本等要素，这些都可能影响长久经营的稳定度。

结论

为了方便大家理解这九大原则，我把咖啡店当成范例。但就算不是要开咖啡店，也应该用这九个原则思考你的新事业。在创业之前，先试着把Business Model的概念搞清楚，不要因为一两个点子而沾沾自喜，更不要认为思考经营面会破坏创业的浪漫情怀。毕竟创业最终是要在市场上展现价值，并取得客户的认同。唯有如此，你的浪漫情怀与梦想，才可能真正传递出去！

但也可能有读者会觉得疑惑：“我想经营的并非一个商业模式已经定型的产业。之后有可能打算投入一个不知道客人是谁，不知道如何收费的新创事业。那我又该如何思考呢？”因此接下来的篇幅，我们就来一起聊聊新创事业该思考的几项问题吧。

注：本篇文章所提的九大要素，参考自《获利世代》一书。作者 Alexander Osterwalder & Yves Pigneur，台湾版由早安财经出版。

新创团队该选择把心力聚焦在何处？

某次演讲时，我分享了一个创业案例。结束后有位听众提问：“您刚刚讲的案例让我好讶异！这点子听起来没什么了不起，背后也没有技术门槛。他们难道不怕公布出来后，大公司会抢着做？”

这真是一个好问题。

事实上，能从市场中存活下来的创业者，往往不是光靠一个好点子，而是透过以下三项努力累积出竞争力：

一、凝聚最小战斗单位

新创者大部分的瓶颈在于团队。找创业伙伴这件事，要考虑的面向实在太多。除了“工匠、总管、行脚商人”这三种特质的人才需要齐备外，三种人才的共事默契，更是事业顺利的关键。

因为技术能力好的，不表示性格好相处；性格好相处的，不表示目标一致；大目标相近的，不表示执行方式、优先级看法相同。就算团队目标都统一了，等开始做事时，往往会发现还有很多工作习惯得慢慢磨合。

正因为找到好团队不容易，所以创业前就该好好物色团队，而不是等有了点子跟想法后才来找人。至于怎么有效率地找到伙伴，又该关注哪些筛选条件，这议题我们等下一篇再来讨论。

二、提高执行力，并快速测试市场

这世上的好点子太多了，找间星巴克待上一个下午，会听到十多个隔桌客人讨论的各类商业点子。但为何创业的成功率还是不到百分之一？关键就在多数团队卡在“执行力不足”这档事。

其实执行力不足还不是最糟糕的。很多团队把成品或服务完成后，才发现市场不买单！点子或许够好，但并不能转换成收入。

所以除了好点子与好的执行力，更要想办法验证“商业模式”是否可行。确定商业模式必须分秒必争，那是比“点子是否完美”更重要的关键。好点子若搭配错误的商业模式，最后多半也是一场空。所以确认市场的反应，要比默默在办公室里想点子，设计产品的优先级更高！

像我在那场演讲举例的是个小众商品，点子本身没有太了不起之处，大公司绝对可以自己抢来做。可是因为它的市场小众且独特，大公司考量成本效益，不会贸然进场，因为不确定生产出来后要卖给谁。但对一个新创团队而言，这种规模才是“好入口的鱼”。

近年流行的募资平台让人把点子放在网络上，也是聪明的做法。创业者可知道有多少人对这产品服务有兴趣，等于预售，先把东西卖掉，取得资金以及市场情报，再回头开发与生产。至于生产多少，能否损益两平，充分获利，在募资完成后就可以估算出来。

反之，创业者若自己投资生产，积了一堆库存，才开始想该怎么营销、怎么找通路、找买家，那就是一种豪赌了。虽然点子在开发前都秘而不宣，但整体风险反而更高。虽然你的点子完美保密了，但最后若没有市场，一切还是空谈，何况你还押了大笔的时间与金钱下去。

另外，别以为点子独一无二就是件好事，市场上没人做的点子有两种：一种是从没人想到，一种则是早有人想过，但发现没市场所以不做。新创团队在初期的资金都不会太宽裕，搞清楚自己的点子属于上面哪一种，其实是最重要的。所以该尽快让点子接受市场的检验，试探潜在买家的需求，才能更灵活有效地布局新事业。

三、能尽快产生现金流入

新创团队应该把“有钱进来”当成一切思考的核心。之前跟一些没有实战经验的人聊经营，他们常见的谬误是把点子当核心，将赚钱弄得太迂回，认为“如果我这样做，就会有很多人来使用，可以累积用户数，等有足够的人使用后，我就开始赚钱了”。

我觉得这是不太对的。若不能尽快从市场赚到钱，就得想办法生出一个好故事，以便从投资者、金主或政府手上拿到营运资金。但如果没办法直接从市场获利，精明的投资者通常也会犹豫。就算他们有意愿，恐怕也会开出非常严苛的投资条件（比方说占很高的股份）。

此外，投资者的钱常常比市场的钱难拿得多。你得花很多心力验证、说明、解释，甚至包装。就算拿到钱了，后续还会被监督，被稽核，被要求提报告。所以拿了别人的投资，就得额外满足很多需求，甚至得不断提供故事。而这钱通常也拿得不踏实，万一政策改了、金融风暴、金主厌烦，或他们有其他投资标的，都可能被抽资金。如果没办法迅速获利，一旦别人抽手，点子再好也无济于事。

所以，宁愿点子小而简单，但可以有稳当的营收，也不要在没钱，没团队，没资源时就想做很伟大的点子。因为很可能来不及做出成绩，自己就因为现金控制不良而失败。即使稍微有起色，也可能因为资源不足，反而被大公司进场抢走！

商场的现实是，谁先想到某个点子不重要。若没有充分的资源，最后也很可能守不住。所以没经验的创业者最该想的，是先凝聚团队，测试市场，想办法从市场获利，以便巩固第一桶金。等第一桶金有了，经验也充分，对市场够了解，才有资格谈要做“能改变世界的奇幻点子”。

换言之，如果你懂经营，有创业经验，知道怎么营销，懂得怎么组团队，改变世界的点子才有可能在你手上实现。在此之前，学习踏实经营，尽早了解市场，才是最重要的任务。

另外有个顾虑值得一提：“有没有可能我找了几个认同的人合作，但最后他们抢了我的概念，把我踢出团队呢？”

我承认，这个顾虑是对的，确实有可能发生。在这种情况下，无论你怎么保护点子也没用，因为要找人合作，还是得分享点子让人知道，而且必须全盘托出。有些创业者基于保护自己的心态，倾向找一个能力较弱，或是不具备关键专业的伙伴，因为感觉他们比较不会将点子占为已有。但这样的选择，却制造了一个更严重的问题：当团队不够强，不够有野心时，执行力也不会好，最终点子成真的机会就更渺茫了！

所以要从事新创事业，就必须找够强，够有野心的团队，这点是不能妥协的！但这些人比我厉害，把点子占为己有怎么办？解法在于，你必须确保跟团队合作的基础，是建立在“自己拥有团队渴望的价值”，而非“自己是第一个想到点子的人”上。什么是渴望的价值？例如实现点子所需的特殊技术、销售能力、募资能力、后勤能力、人际能力、搞定工程师的整合能力等。“工匠、总管、行脚商人”等核心职能，只要你具备其中一项，团队会因你的能力而变强，其他伙伴当然也不敢轻视，因为你拥有的将是能带领大家达成梦想的能力，而非仅仅是第一个想到点子的人。

选择你的创业伙伴

之前遇到一位朋友，说有个不错的点子想尝试，只是目前不懂技术，还在物色伙伴。听完后，我鼓励他有梦想就往前，一定要逼自己踏出舒适区，千万不要辜负自己抱持的理想。

没想到后来再遇见，关心进度时，他却说这件事完全没进展，也还在原来的公司上班。我以为他打算放弃点子不去实现了，或是已经有了新的目标，结果他跟我说，他已经花了两年的时间，却没能找到合适的伙伴，以致这个梦想就这么蹉跎了。

这两年间，他很积极地参加各类活动、演讲、课程、Startup的聚会，也很积极地认识别人，到处发名片。但大家只有一开始的联系很热络，之后很快就失去了联结度，以致没什么下文。他觉得这类人脉的帮助好像不大，也始终找不到自己需要的伙伴。

关于“找到合适的伙伴”这件事，相信也是很多想创业的朋友感到困扰的问题。我的建议是把握下面三个原则：

一、认识新朋友时，应该把自己的理想讲出来

每个人参加社交活动的目的都不同。有人单纯想认识朋友，有人想听演讲自我成长，有人来找投资标的，有人享受热闹的氛围，有人想听别人在干吗，当然也有人想来找合作伙伴。所以在这类场合认识的人，除非事后努力建立关系，或是每场都到，否则联结度会很弱。因为不在一起生活工作，或是工作内容差距很大，最后有可能变成只是脸书上的网友，发文时互相按个赞，然后都没再见过面。要从中找到一起合作，把点子做出来，甚至一起创业的伙伴，就实际来说是很困难的。

比较好的方式是，只要有到这种场合，就跟别人分享自己将来想创业的念头。因为这类场合本来就有各式各样的人，但并非大家都有冒险的精神。虽然你急着想认识伙伴，但如果培养感情后，才发现对方压根只是上班族，没想过离开公司，那不就伤脑筋了？还不如一开始就让大家知道你的心态，抱持类似想法的人自然会想多接触。而没有打算创业的，自然也不会跟你互动太多。这样反而更能将新朋友快速分类，筛选出想创业的人选。

二、建立自己的品牌形象

当别人知道我们的专长时，我们就比较有机会参与重要且有趣的案子（毕竟大家都想为好案子找高手），也较容易获取超额报酬。而且累积几个好案子的经历后，往后就会有更多好案子找上门，让职涯

走入“正向循环”之中。

而这一切的起点，就是要尽早让周围的人了解你的某种品牌形象，例如“数字能力很强”“很懂计算机”“很会营销”“对沟通协调很有一套”，等等。品牌形象建立之后，别人才有可以认识我们的标签，能立刻分辨我们的价值在哪里。例如“喔，你需要找项目管理的专家？想学逻辑思考？那当然找 Joe 或 Bryan！”一旦别人提起你，能有类似这样的印象时，别人就可以立刻分辨你的“价值”在哪里。当他缺这种价值的搭档时，立刻就会想到你！

不仅工作上是这样，若将来打算要创业的话，这个行为更重要。既然需要找伙伴，就不能老是默默无闻，否则厉害的人怎么会想跟你一起搭档呢？我不得不说，社会终究有其现实面，即使你没打算找厉害的伙伴，但别人若不知道你的专长价值在哪里，你也很难期待得到平等的合作。最后在合伙时，反而有可能吃亏或被占便宜。但只要你具备相当的价值，就不难获取尊重与平等。

三、先找到目标接近的人，而不要以点子为合作起点

另一个重要的建议，是尽早建立自己的“最小战斗单位”。

许多人虽然有创业的梦想，可是通常优先级都搞错了。一般人的直觉想法是：“我得想办法找出一个没人做过的点子，或只有我有优势与门槛的能力，才能考虑创业。等我想创业时，再开始物色团队。”

实际上，各类生意都有人做，也都有人赚钱。但想出独一无二点子的人，终究还是少数。能在创业初期就靠技术或独特性拉出极高门槛的，也是很少数的案例。

我反而觉得，关键在于能否尽早找到彼此互补的“最小战斗单位”：有强大的工匠处理产品，有行脚商人思考市场性与品牌经营，有总管在背后协调与建立管理制度。只要三者齐备，彼此对商业模式都认同，爆发力就会出来。何况点子有失败的风险，若仅仅倚靠点子构筑团队的话，这个团队将极度不平衡（例如一群技术人员主导的工匠团队）。一旦点子失败，团队将无以为继。但若是以“对的人”为原则成立，即使一个点子失败，团队也还能思考其他事情。好的商业模式，往往要靠多方尝试与探索才能找到，点子反而是其次。这个过程中，团队是否够全面，才是胜败的关键。

知名管理大师Jim Collins在著作《从A到A+》里就提到这个概念：“先找对人，再决定要做什么！”卓越企业的领导人不会默默决定方向，指挥员工把车开过去，而是先找到对的人上车（也要让不适合的人下车），再决定车子要开去哪。创业团队的概念也是如此，先把合适，能互补的人找出来，点子自然会源源不绝。

所以，下次聚会认识陌生人时，请记得把握这三个原则，多让别人了解我们的价值，多喊出我们的梦想，多思考建立团队而非实现点子。只要把时间拉长，必然有所回报！

选择你想满足的目的

日本有很多美食节目，喜欢做特色料理店的专题报道，对有怪癖与坚持的店主尤其青睐。有次介绍了一位非常有个性的拉面店老板，他的怪癖是会因为汤头没煮好而选择不开店。画面上，在寒风刺骨的下雪的傍晚，拉面店的门口排满了人。一位像上班族的年轻男人说："东西蛮好吃的，我跟我老板来这出差时吃过一次。今天也是跟女朋友从隔壁城市过来，可是不知道会不会开门。"女朋友则在旁接口："是啊，今天好冷，要是不开店的话，可就伤脑筋了！"

主持人访问时，每个人都说不知道会不会开店。结果大家排了老半天，只见剃着光头，一脸凶相的老板出来大吼："回去吧！今天汤头不行，请改天再来。"外面的人只好满脸失望，三三两两地离开。从画面看来，这样的情形似乎经常发生，一连几天不开店是常见的事情。主持人总结说："真是个了不起的店主！对于作品的坚持与固执让人动容！"

固执得让人动容吗？或许吧。但这坚持是否有意义呢？我却没有百分之百的把握。

先谈谈对高汤的坚持吧。我不确定弃置不用，是因为完全不能喝，还是只因为某些小瑕疵？如果是因为完全不能喝才不开店，那这其实不是对质量的坚持，而是缺乏质量控制的能力——汤头有时大好，有时大坏，代表每次的水准无法一致，只好赌运气制作。当然，这种可能性应该很低，因为既然是大排长龙的店，店主的实力应该不错，所以很可能是期待 100 分却只有 98 分的水平就决定重煮。这种为了完美而坚持，想给客户最好吃的面的信念，应该是很有责任感的表现吧？

但这好像没有这么绝对。如果我们从另一个角度来想：客人大老远跑来，只是眼巴巴地想吃碗热乎乎的面，结果店主让人家在寒冬的大街上吹风，只因为高汤没 100 分就不开店，似乎也有点对不起远道而来的客人。东西没有完美当然有些可惜，但眼睁睁地看着客人一脸失望，饿着肚子离开，似乎也未必是良善的选择。

此外，就“做生意”的角度而言，这样的坚持也不见得是称职的经营者。除非老板是只做兴趣，想推广完美的拉面，那另当别论。但如果背后还有投资人、合伙人与员工，他们会需要靠店面的营收来支领薪水养家，甚至店主的家人也可能等他赚钱买米。那这种选择“看当天情形”过度追求完美的经营模式，其实也可能造成所有人的困扰。

讲到这儿，我们来谈谈一个不同的例子。

据说当年马偕博士从加拿大来台湾传教时，曾经历过非常严峻的挑战：语言隔阂，他学习的北京官话在台湾不适用。再来，当时台湾人对洋人抱有敌意，他的住屋好几次被群众拆毁，在路上也有人对他投掷石块。而基督教不膜拜偶像的教义，也跟华人祭拜祖先的风俗相抵触。

当时他大可选择毫不妥协地坚持信仰，执意让当地人100%接受基督教的教义。但他却选择体认现实，想办法跟当地人打成一片。借由自己的医疗知识，前往乡下治病顺便传福音，降低大家对洋人的恐惧心理，并尽量让基督教的概念能够传递出去。最后就算某些人没改变宗教信仰，但靠着良好的医病关系，认同祭祖与传唱福音歌曲等方式，让台湾人至少不会排斥他的存在。后来，马偕博士在台湾结婚成家，让宗教更容易在"一家亲"的情感基础上传递。他最后培养了22位学生，协助他到各地传教，在台湾建立了共60间左右的教会，并设立牛津学堂（现为淡水真理大学），留下"宁愿烧尽，不愿腐锈"的座右铭。

我想讲的是："就算没有做足100分，也不表示事情没有价值。"

拉面店老板汤熬不好不开店、东西没准备好不开店、没达到100分不开店，这种种的坚持虽然令人敬佩，但如果连马偕博士传教这种"道德事业"都得暂且屈服于现实，开店做生意恐怕更加不能无限上纲，什么都想推到极致。我并不是说拉面店不该重视质量，但过度的吹毛求疵而让客人在寒风中受冻失望，让事业的营收不稳定，也显得思考不全面。

所以，经营者该去验证的是，客户真的有这么在意 100 分的汤头吗？又真的能吃出 90 分跟 100 分汤头的差异吗？最少就我自己而言，在下雪的寒冬排了一小时的队之后，“吃到”会比“吃饱”重要，“吃饱”又比“好吃”重要，而“好吃”更重于“极度美味”。所以，100 分到底是满足客户，还是满足店主自己的优越感?

看看我们周围的环境：夜市卖面线、卖香鸡排的也能开宾利，这些都代表未必要做到极致的 100 分才能被市场认同。重点还是要辨识出有利的市场，定位出符合市场区隔的产品。这产品并不见得要做到极致，因为叫好不等于叫座，过度追求极致，反而可能因不敷成本而惨赔。

经营者千万不能为了自己的优越感，将质量要求过度上纲。毕竟市场分成很多不一样的面向，不同族群的核心需求也大不相同。作为一个好的经营者，其实应该逼迫自己放下身段，耐心地倾听市场的反馈，找出最合宜的经营平衡点，这才是让一门生意能稳当长久持续的关键。

经营事业长远的基石：了解经营的成本

前面那篇讨论的是，关于经营事业的核心价值。但我猜更多人想知道的是：关于成功的经营，是否还有其他的关键?

说起来，想“做出世上没有的商品”，是很多人心中以为的唯一关键。早期我跟同学、朋友都这么坚信着，以为那就是唯一的制胜点。当时我们曾想过帮人做网页、开发软件、进口商品、开行动咖啡厅等，还一度从马来西亚进羽毛球拍上网去卖，但都没有什么突破。身边也有几位同学许多年前就想创业，却因为找不到自认够关键的好东西，所以讲了这么多年都没行动。

确实，拥有别人没有的新东西，是创业最简单的方法。若能掌握并且垄断市场，当然有可能迅速大赚一笔。但特殊商品毕竟可遇不可求，退而求其次，则要尝试掌握特殊的技能、产品，或是对既有产品提供加值服务的能力。比方说你特别会除草，就去帮人除草；能做出好吃的面包，就开间面包店；若你无法做面包，但是身强体健，最少能帮面包店老板送面包。不过靠这些“市场优势”（如话题产品、技术能力、创意能力、掌握专利、拥有特殊资源等），就代表创业必定能够大赚吗？答案是：未必！即使做得比别人好，让人愿意付出金钱换取商品或服务，也只是成功经营的一个起点，并不表示能赚钱，更不表示可以基业长青。

要成功经营一个事业，其实还有个更重要的基石：你对于成本与获利之间的关系，是否有正确的理解。

成本与获利的关系，听起来好像一点都不酷。但我知道，这是所有生意的起点！

举例来说：我研发出超美味的汉堡，让所有吃过的人都赞不绝口，一致公认比快餐店的好吃 100 倍，建议我去开个汉堡店。假设我听了大家的好评，真的去开餐厅，并大胆将一个汉堡定价为 150 元。而且开店后，还真的有人来买这比较贵的汉堡，这就能表示我经营成功了吗？代表我要开始赚大钱了吗？

其实赚钱与赔钱的定义，不在于售价多少，也不在于是否比对手贵，而是牵涉到我们商品的成本是多少。卖一个 150 元的汉堡，如果成本要 180 元，就算大家都喜欢，卖越多也只会赔越多。反之，如果成本只需要 20 元，甚至还得到政府的奖励补助，就算客户群只是小众，至少也能够继续生存。不过，广义的成本，其实是要同时考量“变动成本”“固定成本”与“机会成本”三个因素。

一、变动成本是什么

变动成本，是用来计算做一个汉堡到底要花多少钱，知道我们的定价到底是赔还是赚。

假设做汉堡的材料：面包 15 元、奶酪 3 元、肉片 12 元、生菜与酸黄瓜 8 元、调味料 2 元的话，那这个汉堡的变动成本就要 40 元。而调整变动成本，往往最能直接影响获利。如面包用三层还是两层，可是会影响花费的。但我们也未必能随意更换，因为面包多，可能口感较好而且较能吃饱，但相对成本会增加，获利跟着变少。事实上很多面包店不敢涨价时，会把面包做小一点，也就是这样的概念。可是消费者不是笨蛋，像这样节省成本，通常也是会被发觉的。

目前看来，一个汉堡的定价如果是 150 元，而成本是 40 元，每卖一个就可以赚 110 元，好像赚得还不少呢！似乎是个好生意。

但在你下这结论之前，我们可还要加入其他考虑因素。

二、固定成本是什么

为了开业，通常我们都得花钱租店面，购买烤箱、冰箱、锅子等生财器具，并支付水电费等。这些跟汉堡销量没有直接相关的成本，我们称之为“固定成本”。

因为每个月都有这些开支要付，所以得用卖汉堡的获利来支付。因此售价 150 元，不仅要减去变动成本 40 元，还要扣掉一部分固定成本，这才是我的获利。

假设我开业时，花了 12 万买烤箱、冰箱及厨房用品，每个月房租要 6 万，水电费要 5 千元。那我每个月就有 7.5 万的固定成本，这得靠我卖汉堡的钱去支付。所以汉堡卖得多，平均每个汉堡要分摊的固定成本就少；但要是汉堡卖得少，每卖一个汉堡所赚的钱，就要分摊更多支付固定成本的钱。

举例而言，如果一个月只卖一个汉堡，那每个汉堡得摊付 7.5 万的固定成本；但如果生意好，卖了 1000 个汉堡，那每个汉堡折算下来，只需要摊付 75 元的固定成本。

换言之，我就可以因此算出每个月到底要卖多少汉堡，才能让这项经营“损益两平”。以这个例子而言，每个月必须卖 681 个汉堡，才能刚好支付每个月的账单。如果每个月都只有周一到周五会开店，那表示每天得卖出 34 个汉堡才行。

再回头看前篇提到的拉面店：熬煮高汤所需要的材料、水电瓦斯等等，就是一碗拉面的成本。当倒掉再煮时，成本会加倍；让客户失望离开，销量会下降。所以除非高汤成本能压到非常低、拉面的销量又很高时，废弃高汤所造成的影响才会小。但这位老板既然有所坚持，代表高汤用料一定不错，常常重煮的损失想必很惊人，长期下来绝对会影响经营。而且上面的分析，还没有估算到人工、存货、食材坏掉、天灾人祸（如台风不能开店）等事件造成的成本增加，甚至还没计算“机会成本”。

三、机会成本是什么

以汉堡店来说，假设我觉得每天有把握卖出 40 个汉堡，这表示一个月大约能卖 800 个汉堡。800 个汉堡，每个售价 150 元的情况下，等于每月有 12 万的营收。扣掉变动成本 3.2 万元（以 800 个汉堡，每个变动成本 40 元计算），再扣掉固定成本 7 万 5 千元，等于能获利 1.3 万元；但如果不开汉堡店的话，我也可以去亲戚的商店打工，而且工作搞不好更轻松，还有免费餐点等等，投入同样的工时搞不好薪水还更高。但若你选择卖汉堡，就代表放弃了便利商店的工作，这当中损失的便是“机会成本”。

计算后，你可能会发现，即使人人都说你的汉堡比快餐店好吃，可是成本如果无法压低、销量不能冲高的话，这个生意自然不能为你带来盈余。当然，如果开店不是为了赚钱，仅仅为了花钱买个梦想，那自然不在话下。

虽然计算成本看似是件无聊的事情，可是这点才能告诉我们，这个生意是否会是个好生意，又是否能长期经营。因为不管梦想多大、对质量有多坚持，唯有让生意创造出健康的利润，才能供给这个事业生存的养分，让梦想扎根，把想创造的价值持续传递给喜欢你的客户们。

你的伙伴是真心相随，还是出于无奈？

先跟各位分享一段往事。

有次参加论坛时，认识某位有合作机会的老板，中午还一起吃了饭。他在闲聊时，提到手下有位高阶主管最近买了房子，生了儿子，所以觉得“可以给这人更多的责任与权限”。我一时没听懂，便追问他两者有什么联系，结果他回：“这位主管买了房子又生了孩子，接下来 10 到 15 年应该都会很稳定。因为经济负担重，在工作上就不会心猿意马了。”

这话让我心里忍不住一惊，因为我的看法正好完全相反！

如果他说的是技术职，例如基层工程师、作业员、听命办事的助理或职员等，那我完全同意这观点。因为生活压力大时，他们会开始害怕，因此会牢牢抓住目前的工作；又因为负责第一线的执行，所以“熟练度”是工作最重要的价值。一群熟练度高的人若能稳定待着的话，对公司确实是好事；但如果他说的是公司核心幕僚，或是帮忙决策与治理公司的人，我就不欣赏这种“稳定度”了，甚至会更希望他是个“不稳定”的人。

大家想想看：既然我需要一个人帮忙出主意，这人就得适时点出我的错误才行。比方说，他要能提醒我案子进展不顺利、哪里可能有什么弊端、某些可预见的风险、某些计划可能有的漏洞，甚至他带的案子（或进行的工作）有问题、不顺利时，也能清楚、诚实、透明地告知我。管理教科书虽然教我们，组织的健康是建立在成员的互信与坦承上，但这多少有点理想主义。真要一个人清楚、诚实分享信息的话，前提是他得抱着“无所谓”的原则才行。

所以如果有个人自由度很高，无牵无挂，不用担心没工作，有能力随时去别的地方，结果他却愿意留下一起打拼的话，这才算是有意义的象征。因为证明此人恐怕是觉得彼此对于“成功的定义”以及“想去的方向”很接近。忠诚度可遇不可求，而且现在又不是封建时代，很难期待这种东西。但大家都“想去同样的方向”，对我而言可是很重要的。因为这代表两个人（或一群人）的目标相同、价值观类似、执行方向接近，大家就会一起努力，且这时候谁都不会希望对方走上冤枉路。

像我公司里的其他几位核心伙伴，他们即使没有我们任何人都能活得好好的，也可以在别的大公司里找到不错的职位。只因为我们对推广项目管理有相同的理念，大家才会想一起做同样的事情。所以当其中一个人走错路，做出不合理的提案时，大家都会毫不留情地立刻指出错误。因为大家不用害怕彼此，不必顾虑薪水，自然能不拐弯抹角、诚实说出他们看到的缺失。但如果一个人是因为被房贷或养小孩的压力逼着，或是需要固定薪水才留在一个地方的话，那他其实是个危险的人，而且通常也不适任高阶主管职！

这是为什么呢？因为他“必须”靠这份薪水过活，所以不会希望激怒更高层的老板。当老板做错事情，只要不至于让组织倒闭，他就有可能选择不说；若老板选择错误的案子，他也可能会闷着头执行；看到组织里的其他人有错误，为了保饭碗，更可能选择不出声……总之就是自扫门前雪，只要自己手上的任务没出事就好，有问题则尽量推给别的主管或部门。更严重的状况，甚至可能会隐藏自己的过错，粉饰太平，让老板乍看之下觉得一切都没问题。

其实这一切都是人性的正常反应，因为他想让自己的收入保持稳定。但这也说明一件事：所有的梦想、理念、正直、目标，都可能因为“经济压力所谋求的稳定感”而消灭。就社会心理学而言，这是正常的，但从经营者的角度来看，这样的角色其实失去了核心价值。换句话说，这位老板口中的“忠诚度”就毫无意义了，因为根本不是当事人在自由选择下的忠诚度，只是一种不得不为的投降罢了。一个会对自己人生投降的人，你如何能期待他对组织或团队做出贡献呢？

当一个人存在着生活压力，因此寻求“稳定感”时，可以预见，他后续的所有决策必然跟梦想无关，只会让“个人稳定”凌驾于一切之上。若你是老板，仰赖这样的角色帮你监督或下关键决策时，你如何有把握他会站在自己那一边？教科书上所谓的“代理风险”，不过就是这么简单的一回事：当代理者的利益在于谋求自身稳定时，顾客、老板与股东的利益，自然会退守第二线。

当天听完那位老板的说明后，我其实也没完整说出上面这段观点，只是单纯点点头，表示为对方能找到一个稳定的主管而高兴。你看，我明明跟他没什么利害关系，在这事情上我也一样无法坦然地说出自己真正的看法。如果我这个没利害关系的陌生人，都不愿意乱蹚浑水提供建言，那么有利害关系且亟需薪水的人，你又能期待他多诚实呢？

所以，最好的职场关系，其实是建立在“相同的目标”上，而且这目标必须符合双方彼此的共同需求。如果只是因为一方为了生活，勉强去做自己不喜欢的事情，那这绝对不是忠诚度，不过只是因为对方毫无选择罢了。

第五章

人生伴侣的选择

最后这一个章节，我想谈谈人生的其他面向。怎么让自己更容易与人相处，怎么挑选伴侣，如何在婚前观察对方的家庭，怎样帮你的人生伴侣建立一个好形象，等等。毕竟除了工作、人生态度、理财与事业外，人际关系和伴侣关系也是我们人生很重要的一环。能在各种面向做出好的、理性的选择时，我们才能真正成为一个成熟的大人。

选择成为一个体贴的人

最近似乎出现了好几起高才生变成危险情人的新闻。很多人不解，这些头脑很好的孩子，怎么会做出这样激烈的事情呢？明明是天之骄子，退一步不就海阔天空了吗？未来有大好的前程，不是吗？怎么会为一段感情冲动处事呢？

但我得说，这其实并不奇怪！我自己这几年也发现，一些写信给我谈职涯疑问或遭受感情挫折的人，当中有许多其实是非常聪明的家伙。但这些很聪明的人，反而有一定比例容易在社会上适应不良。

关键在于“制约”两个字。

就头脑而言，他们确实很聪明。但可惜的地方在于，就是因为太聪明了，到一定年纪后，反而容易因为这特质而“被制约”——在心态上养成一些负面的价值观。虽然其中绝大部分的人最后能靠自己调适过来，但总有一小部分的人怎么样也过不去，以致持续在社会适应或两性关系上，觉得无法融入。

制约的起点，其实是来自于台湾长久以来的教育制度。聪明的孩子因为会读书、功课好，通常能获得较多的奖赏与特权。现在的学校是否如此极端我不知道，但至少在我自己成长的时期，一个孩子只要功课好，考试得高分，通常各类问题自然都会消失。无论上课讲话、没带课本，还是忘了交作业，甚至欺负同学，往往都能被大人忽略！只要考试好，老师在用语与态度上，就相对会给予较多的尊重。

也因此，善于读书的孩子，成长过程往往没有碰过太多挫折。因为只要照着老师提供的方法，好好念、正确背诵、记得公式，且在每次考试作答时，都能照着公式或格式反应，最后就会有好结果。赞赏、荣耀、自信心都随之而来。久而久之，他们会觉得自己不用太顾虑别人，只要把自己的事情做好了，自然会得到好的报偿。

换句话说，聪明的孩子往往被学校这样的游戏规则所制约。十五六年下来，很容易以为这就是世界运作的关键之钥——只要不断依循这样的公式，把自己管好，尽快找到正确答案并记住，获取高分，就没有人或没有任何事情能为难自己。这样的人生策略直到大学为止，原则上都不会出什么错。可是，从大学开始通常会迸出第一个挑战，也就是“谈恋爱”，偏偏这是个完全无法适用这规则的游戏。

谈过恋爱的人都知道，感情一开始必然是在心中充满了幸福的情绪，恨不得献给对方全世界。这时候彼此相知相惜，做任何事情、说任何话，都是“正确答案”，所以大家能获得虚幻的“控制感”。但等蜜月期过了以后，双方总难以避免产生摩擦。这时候能不能长期走下去，两人性格的“适应性”就是关键了！

当歧见发生，大家就得解决问题。但很多聪明的孩子会在这个阶段过不去，因为过去自己不管犯什么错，只要把自己该做的事做好就可以化解，甚至什么都不用做，光是当好学生就足以抵销过错。即使有什么比较大的问题，只要好好认错，或是强化某些大人喜欢的行为，周围的人们很快就会转为和颜悦色，问题自然会被大人包容。所以在感情上，他们无法理解为何同样是我这样的人，对方却无法像那些大人一样包容自己。

尤其两人的歧见如果是源自于性格或价值观上的不同，除非能彻底解决这些差异，否则对方跟自己的歧见会持续存在。这时候当事人就可能会觉得奇怪，为何对方不能理解、相信自己？为什么不能妥协、不能乖乖听话、不能配合、不能安静？

持续争执之下，会带来无助感。而无助的第一阶段是尽量“讨好”对方，透过示好与让步把对方留住。但若对方不愿意的话，当事人的态度就可能踏入第二阶段“疑惑”——疑惑对方为何这么难搞，自己都低头了怎么还不愿意原谅？最后在一切方法用尽仍无法安抚或化解冲突之下，很可能踏入第三阶段，也就是“恼怒”。

当自己把过去所有的方法都拿出来了，还是找不到正确答案，又面临对方不断拒绝，不愿意给自己正面回应时，就是“整个世界观的崩解”。人的自尊很有意思，突然的世界观崩解是很难一下就调适的，通常都只会想把问题外部化——都是别人不好，这一定不是自己的问题，一定是对方很奇怪！自己做了这么多，对方居然都不愿意配合，那一定得给他／她些教训，这时候就可能转变成恐怖情人了！

恼怒到会杀人或是伤人的，虽然是一小撮人，但多数人很可能是跟对方恶言相向，并成为后来一辈子的痛苦记忆。毕竟一路没有碰过挫折的人，自尊心是很强的。就人性而言，否认问题、逃避责任、去除障碍，是保护自尊心的最好方式。可是这次保护了自尊心，之后不表示就不会再发生，可能会开始有越来越多这类问题……

事实上，离开学校后，我们得开始习惯过“没有正确答案的人生”。每个人的需要都不同，我们得充分倾听与理解，才会知道什么是对方“真正要的”。我们不可能完全改变另一个人，也不可能要别人完全听我们的话，更不可能永远让别人符合我们的期待（或我们完全符合别人的期待）。这类情绪的修炼，得靠自己的成熟、圆融、理解与体贴来化解。如何学习体贴，如何真心理解别人的需要，如何理解大人的恋爱游戏规则，这些能力才能让我们跟他人和平共存。

所以，如果我们能在年轻时，就努力修炼自己与挫折共处的能力，这样就能学会对他人的“理解”与“包容”，并产生“适应性”。

就算是聪明才智不如你的异性，你若喜欢他们，就得了解他们的需求，才能跟他们顺利相处。一些聪明才智不如你的人，却也可能是工作上必需的伙伴，所以你也得找出一个方式跟他们融洽地合作。可是这类“相处”是没有公式的，也不可能因为你很聪明或是功课很好，别人就自然来认同你。想让别人喜欢自己，可不是我行我素地做好自己就够，而且还得摸索尝试、理解体贴、换位思考，以找出合宜的模式。

可是如果不从小就习惯这种挫折感，长大后碰到人际冲突时，就容易不断逃离环境。不断梦想能找到一个完全认同自己的人，或是梦想能找到一个环境，是可以让学生时代制约自己的规则重新发挥效用的地方。可是我得说，这是很难会再发生的。若不能充分理解这点，在后半段的人生中，挫折感反而会开始全面笼罩。最后将逃无可逃，而且在社会上彻底适应不良。

选择伴侣的关键要素

之前听到两个案例。一个是网友写信来，提到跟男朋友价值观不同的问题。因为男朋友跟其他女生出去，让她觉得没安全感，所以试着跟男朋友沟通。可是男朋友的反应让她很生气，因为对方觉得自己跟另一个女生坦荡荡，无法理解她在气什么，甚至还不断证明自己没错。双方花了很多时间试着说服对方，可是显然都没有成功。

另一个案例是朋友的朋友。据说她跟男方即将结婚，可是两人对于婚礼过程的规划产生了严重的歧见。女生希望对方多花些心思，但男生喜欢的方式不同，努力规划后的结果仍无法让她满意，所以女生每次都接手再做大幅度的修正。因此女生觉得男生不懂她、不会想。但男生那边也觉得委屈，想说女方为何不直接讲自己要什么。“如果我喜欢的你都不喜欢，何必要我做呢？”所以这段过程中两人吵了又吵，不断在“积极沟通”，可是越沟通，双方却反而越生气。

一般人总认为“磨合”是感情中的必要之恶，不过我觉得好的伴侣关系，根本就不应该有需要严重磨合的部分，这在感情策略上是个非常不合理的举动。我个人甚至觉得如果感情上常发生需要“彼此磨合”的状况，那这段感情是有问题的，应该当机立断，将关系进行停损。

这概念可能有点惊世骇俗，有人肯定会以“不可能找到百分之百契合的另一半”来反驳我。话是没错，谁也不可能找到另一个完全跟自己相同的人，总有些大家要相互调适的地方。但就我的观点而言，“调适”跟“磨合”，两者是不太一样的！

“调适”这件事应该是无所谓、轻松、毫不勉强的。为对方做出调适后，甚至根本不会再记得这件事。比方说吃东西的口味差异，当对方不喜欢吃辣，而自己喜欢，但没有到非吃不可的程度，那两人一起吃饭时，点些不辣的食物即可，这就是一种调适。毕竟这种程度的配合在心情上很轻松，双方不需要不断沟通，也不会生气或吵架，几乎不花时间就能立刻达成共识。

但是所谓“磨合”，就是那些会导致情侣吵架，需要不断沟通的议题：例如用钱的方式、处理事情的方法、跟哪些人做朋友、两人相处的距离拿捏、该多么听家人的话、该重视朋友到何种程度、与其他异性该怎么相处、如何看待隐私权与秘密、未来要做什么事情、对工作和家庭的看法、教养子女，等等。这些绝对不可能因为生气、沟通、协调，就让另一个人轻易做出改变。

此外，我觉得磨合在某种程度上，其实是一种“情感的霸凌”：

透过恐惧感或威胁，强逼对方变成自己心目中的“另一个人”（例如：你不这么做就是不爱我）。这表示我们喜欢的并非“这个人”，而是“另一个人”。只是我们刚好碰到这个对象，刚好头又洗了一半，为了自己的方便，所以打算把他完全扭转成另一个样子。

我对此的看法是：当我们想改变别人时，通常代表我们自己还不够成熟，不了解别人是独立的个体，所以勉强想把对方变成自己心里希望的类型，甚至将自己的价值观强加在对方身上。但这是不公平，也不必要的做法，代表我们打从心底不曾认同过这个人。当然，不认同别人也不表示自己有什么不对，只是代表双方在不能让步的观点上有很大的差异，他要的跟你要的东西，缺少了交集点。这属于价值观不同，而非对错的问题。但如果强逼对方变成跟你一样，那就很不切实际了，也就是我所谓不够成熟的意思。

此外，心理学研究，人的性格在七岁时就定型了。对一个 20 岁或 30 岁的人，如果要他做任何性格或价值观的改变，基本上都很困难。眼界可以拓展、品味可以调整、小事情或许也有办法调适，可是价值观、生活习惯、世界观等的差异，几乎都是难以撼动的。人家说牛牵到北京还是牛，一个人的本质若不是你想要的类型，那永远都不可能变成你要的样子。就算他为了爱你而试图改变，那也只是勉强自己在“演”另一个人。但这样的表演很难长久，总有一天对方还是会回到真实的自己。

所以，与其花时间磨合两人的感情，不如一开始就把这点当成选择对象的观察重点。对于认真交往的对象，首先一定要了解彼此的价值观以及生活习惯。若你在意对方用钱的方式，一开始就要注意对方怎么看待金钱；若你在意对方是否有相同的信仰，这个问题就得在最初列为筛选重点；若你希望对方只有你，不能有其他异性朋友，那当然得先找个观点相同的人才行。

很多人在追求阶段时，会“假装自己是另一种人”，等到真正开始交往，才慢慢把真面目揭露出来。这其实是个很危险的策略，虽然对方有可能因为前期的投入，舍不得放弃见到真面目后的你，可是这通常会让后续的交往危机四伏。如果双方得在各种惊吓中不断沟通与磨合，最后恐怕很难有好的结果。在我看来，这是感情中最糟糕的出牌方式。交往应该要带来彼此长期的幸福感才是，如果总是不断地沟通与说服、吵架与哭闹，那何必谈恋爱呢？还不如赶快停损，重新找个价值观相同的人。

相信我，每个人的性格，一定有些原则是“绝对不能让步的”。这没有对与错的问题，而是双方价值观的差异。此时勉强别人接受是不公平的，而勉强自己释怀也很辛苦。所以最好一开始就找看法相同的人。先广为认识各类朋友，再从价值观与生活习惯中找到彼此相近的对象，然后才开始深入交往。双方可以彼此“调适”，但不需要“磨合”，这是选择对象时的一项重要参考指标。

如何让未来伴侣的父母喜欢自己

网络上曾经热烈讨论“女生去男友家吃饭该不该帮忙洗碗”这个话题，只是吵吵闹闹半天也没有结论。因为价值判断的议题根本就没有标准答案，别人所处的环境、状况往往也跟自己不同，纯粹只说“该不该”未免失焦了。这也是为何这类话题最后都只是以吵闹收场，因为一群背景不同的人，硬要把各自的状况套用在别人身上，肯定会不欢而散。

所以这里我们不谈该不该，但我倒想谈谈“一个女生在面对这样的问题时，该从什么角度来思考”，以及更重要的“男生该如何做才能帮女生加分”。思考架构稳固以后，个人才方便视情况做出合理的选择。

那么在这个情境中，女生与男生各自到底该如何观察？又该如何行动呢？

我先从女生的角度分析。该不该洗碗，其实有两个观察重点：

一、男方父母怎么看待下一辈的婚姻；

二、女性在这个家庭的地位如何。

我觉得在这件事上，女生与其思考哪个是“对的”，不如先想想自己可以接受的底线是什么。因为每个人的筹码不同，能做的选择也不同。有人年轻、漂亮、家里有钱，大可拒绝条件不够好的婆家。相反的，也有人在娘家就是悲惨的灰姑娘，除了上班赚钱外还得一手包办各种家事。若嫁入另一个家庭只需要洗碗，搞不好工作量反而还减轻了，对这女生来说，婚姻变成是救赎而不是折磨。所以底线在哪里，取决于当事人想要什么。

但是——有件事情很重要！女生应该在跟对方家长见面的初期，尽快辨识对方怎么定位女性在家族中的地位，以及男方父母如何看待来访的儿子女友。如果长辈跟你的观点落差很大，婚前或许尚无大碍，但婚后这类价值观冲突多半会铺天盖地而来。有些女生在结婚之后“突然”发现，怎么自己要负担这么多责任？老公与公公、婆婆竟然是这样的人！但其实很多男方家的“期待”早就有迹可循，只是女生没认真观察，结果当然会感到不如预期。

那到底要观察什么？又要做什么呢？请女生记住这点：你一开始的行为很重要，这将决定未来双方互动的习惯，同时也帮助你搜集情资。

女生第一次到男友家吃饭时，用餐后请记得“一定”要站起身“试图”帮忙收拾，并主动要求洗碗。第一次拜访，与男友父母还不熟时，对方“理论上”会把你当成客人，通常会婉谢你的帮忙。女生可以推托两下之后，再把碗放下回座。虽然最后也是没洗到碗，但跟“坐着不动当客人”所传递的讯息大不相同。吃完饭后默不作声，拍拍屁股起身移座的话，长辈可能会心存疙瘩，心想“这女生真是娇贵”，下次就可能打算好好“磨炼”你一下。就算男友的母亲是个善良的好婆婆，也难免担心儿子未来得伺候你这娇贵的老婆，对你的评分可能就打了折扣。你说这样不太公平，对。但人总是自私的，再好的婆婆多半还是会站在她儿子那边。

所以为了避免留下不好的印象，激起长辈对儿子的保护心，一定要“主动”要求帮忙。虽然初期对方当你是客人，不让你洗碗，但这样刚好可以树立“客人不用洗碗”的前例，而你也因此建立了乖巧贴心的形象，未来的相处就进可攻退可守。如果女生跟对方母亲相处愉快，本身又喜欢厨艺，其实可以坚持进厨房帮忙。透过私下接触，反而能跟“准婆婆”维持好关系。婆婆若喜欢你，很可能在厨房偷骂儿子。当你温顺地倾听，她可能还会觉得“幸好我儿子遇到你，这么差的儿子也只有你能包容”的想法。但如果男方家人不易亲近，那你就每次都要求洗碗并任由男方父母拒绝，那至少双方也保持了合理的相处距离。

“主动帮忙”这个举动还有一个重要的价值：如果男方父母觉得

儿子的女友本该负责洗碗，女生在几次“自愿帮忙”后，就会察觉长辈认为让你洗碗也无所谓。要不要真去洗还是其次，重点在于若有这种迹象出现，表示这个家庭可能非常传统，长辈觉得女生洗碗是天经地义的事。女生这时候一定要特别留心，因为处在女友身份就被认为该做家事的话，那婚后的责任多半只会更重。当然，如果你很喜欢男生的父母，决心要嫁过去，继续维持倒是无妨。但如果你不认同“女生该负责所有家事”，这时最好跟男生多沟通，看将来婚后是两人搬出去还是该怎么办，顺便也能了解一下男生对“媳妇的责任”有何看法。

其实洗碗这个议题，刚好还是个功能完整的“好老公分析仪”与“烂妈宝筛选器”。男友若想跟你修成正果，照理来说该会好好“保护”跟“宠爱”你。但请记住：保护可不仅是在过马路时拉你的手，宠爱也不只是带你吃大餐或买高级手机，而是“保护你的形象”与“捍卫你的立场”。我建议女生，在首次拜访男友家之前，跟他聊聊洗碗这件事，沙盘推演一下，甚至请他跟你一起进厨房洗碗。如果他的回应是以下这几种，代表你们有必要好好沟通了：

1. 洗碗是小事，没什么了不起的，我爸妈才不在意呢，你小题大做了！

2. 跟你一起洗碗？我妈从不让我做家事，你一来我就进厨房的话会很怪！

3. 我怕跟你一起洗碗我妈会不高兴，她会觉得这不是男生该做的事。

4. 这个议题很无聊，根本不想讨论。

透过这种观察，女生多少可以预估自己婚后的责任义务。至于是否接受，就看个人选择了。很多女性成长书籍都鼓吹女生要多爱自己，但爱自己，绝对不是放纵购买各类东西，沉溺于各类享受，而是善用理性思考，想办法避开困境，做出正确的选择。长期而言，这才是女生爱自己的最佳做法！

如何让自己的父母喜欢未来的伴侣

关于“女生到男友家作客该不该帮忙洗碗”这件事，前一篇我们谈了女生该思考的重点以及观察应对的建议。至于这篇则是要特别提醒男生：别以为女友洗碗跟你无关，跑去客厅按遥控器看电视。该不该洗碗这个问题，其实更需要男生认真看待！

不管男生是第一次带女友回爸妈家，还是女友已经变成熟客，我觉得对两人最好的做法就是：吃饱饭后，两个人一起进厨房洗碗！

我知道，男生看完这段，心里可能会有几个疑问。以下就让我来一一回答：

一、爸妈为了礼数，坚持不让客人洗怎么办?

没关系，这时你可以说：“是我负责洗碗，她只是在旁边陪我。”然后微笑（但坚定地）牵起你的她进厨房。女友这时一定觉得你是天下最值得依靠的男人！

二、如果跟女友刚开始交往，彼此没有很确定，一起去洗碗不会很怪吗?

没有很确定？那你带她回家给父母看干吗？可千万别说这是为了省钱。好，就算你们只是刚开始交往，而且真的想省约会的费用，那以晚辈的角色帮长辈洗碗，其实也是应该的。平常就算去同学家做客，帮忙收拾碗筷不也是该做的事吗?

三、我以前在家从不洗碗，但女友一来就去洗碗会不会很假?

或许你觉得很假，但父母会认为你长大了。他们极有可能觉得：这个女生竟然能改变我那不孝的儿子，看来孩子真的很在意这个女生，竟然不惜在她面前演出孝顺的假象。不管怎么想，父母对这个女生的印象都会加分。你以后要去约会时，他们自然不会阻拦，搞不好将车钥匙自动奉上，还多塞几千块给你!

四、我们两个去洗碗，把父母丢在一旁不好吧?

少来了，你上大学后就常常把父母丢在一旁吧？洗碗只需要几分钟，他们有能力照顾自己的。而且父母往往会在这个空当讨论对女生的看法，如果你有其他兄弟姊妹在场，聚会后刚好能从他们那儿探个口风。为什么男生应该要在这件事上花心思呢？其实一对交往中的情侣，与女生未来公婆间的关系，刚好可以用职场上的从属关系来类比。

在公司里，我们往往以为个人的形象取决于自己的工作表现，但其实更关键的是我们的直属上司怎么看我们。要是直属上司不喜欢我们，没替我们在高层前塑造良好形象，恐怕工作再努力也是枉然。同样的道理，女生在未来公婆前的形象，其实有很高的比例要由男生来负责塑造。如果身为“守门人”的男生没有尽到“形象塑造”这份责任，那么无论女生再怎么辛苦讨好，恐怕都还是会陷入两面不是人的窘境。

在这个情境当中，女生就像职员，是被男方父母（高层）评断的对象，老实说能运作的空间极其有限。而男生则扮演着直属主管这个关键角色。高层多半不了解职员平日的表现，这时候直属上司若能有技巧地说几句好话，职员在高层眼中的形象便会大大加分。但是，直属上司只要来个“不置可否”或“语带保留”的反应，就算没说职员的坏话，高层对职员会有什么样的印象也可想而知。网络上曾有女生抱怨男友拍照技术太烂，没有拍得更美便罢，甚至还拍出比平常还丑的照片，十足令人发指！同样的，没能在父母面前美化女友形象的男生，比不会拍照更该自我检讨，丢了女友的面子也就是丢了自己的里子。而且未来女生进家门后，还可能为婆媳间的纷争埋下种子，不可不慎啊！

所以身为男生的你，如果要带女友回家，请务必好好地谋划一番。这出戏最后会变成“温馨爱情喜剧”，还是“家庭伦理大悲剧”，就全看你这位编导的功力了。

另一个重要的建议是：一开始就不该陷入难解的情况中！这点不仅男生要注意，女生也不能忽略。如果可以，尽量避免吃饭时间还待在男方家中。男生若住在家里，两个人可以约家里以外的地方；男生若不住家里，女生要去拜访他的父母时，也可选择下午或晚餐后的时间。因为女生偶尔去，长辈或许还觉得新鲜有趣；太常叨扰的话，难保某些长辈不会产生“又来吃饭”的感觉。毕竟每个家庭的状况不同，有些长辈节俭惯了，多个人来吃饭还得加菜与准备，心里可能颇有微词。女生常常过去的话，长辈多少会觉得这女生也该付出些什么。

所以真想要联系感情的话，不如请男方父母去外面吃饭，这样不但可以不让长辈付钱，大家又不用抢着洗碗。当然，某些男生可能会因此觉得失了面子，所以男女双方要事先沟通清楚，顺便以此检视两人的价值观有何差异。最该避免的一件事就是，当男生还住在家里时，女生跑去长时间待着，甚至住在那边。曾听过有些女生会在男方家中留宿（男生跟父母一起住），甚至还让男生的妈妈叫起床吃饭。如果待的时间太长，男方家人可能会慢慢不把女生界定成“客人”，这时女生若不做些劳动贡献就不太好，但做了自己也觉得不舒服。所以一开始就该避免陷入这种窘境。

如果上面这些问题，你们双方还无法建立共识，或许代表还没准备好，那就干脆约去外面，或是打电话叫 Pizza 吃吧！

第六章

总结

到现在为止，我们一起讨论了成熟大人可能面对的各种人生选择。最后这章，则想跟大家聊聊日后面对每个选择时，该保持的两个健康态度。一个是如何维持观点的中立性，另一个则是怎么面对选择后不如预期的结果。这两个态度若能齐备，就能冷静地运用逻辑与理性，好好面对将来的每一个选择！

解决问题，不要仰赖道德与正义

人生的选择有很多，这些选择往往没有标准答案，也没有任何标准公式，让我们代入计算就可得到正解。我们能做的，便是透过日常生活的观察，逐步建立一套属于自己的思维模式，来应对人生的各种选择。

所谓思维模式，就像具备人工智能的计算机程序，能够客观地分析情报，得出一个或数个相对合理的策略，并借由策略的成败来反推自己的思维是否正确。曾经打败韩国棋王的 AlphaGo 程序，就具备这样的学习与判断能力。虽然听起来很厉害，但 AlphaGo 还是需要人类提供大量的资料与经验累积，才能逐渐“变聪明”。我认为人也是一样，要透过不断地观察、思考与检讨，才能逐步加强判断能力。

AlphaGo 需要输入很多棋局，人则简单多了，日常生活大小事都是有用的“输入”，我们可以借此训练自己的思维能力。

2016 年有一则新闻，标题是《台南爱心司机遭禁驶，网友一面倒声援》。起因是台南有位公交车司机，对老年乘客非常有爱心，怕他们摔倒，会一个个搀扶他们上车，同时一定等老人家坐稳才开车。他的服务虽然受到很多老人家的推崇，但因为班次常误点，公司屡次劝诫都没有改善，因此遭到停驶处分。这位司机先生觉得委屈，因为他曾经在日本开过公车，这样的服务态度明明是受到认可的，没想到回到台湾却被惩处，所以透过百姓陈情，消息因此曝光。

看到这则新闻，你会怎么想？我上网看了一些网友的回应，多数是以下这几种意见：

“企业就是一切以利益为优先，忽视顾客及员工福利。”

“台湾跟日本相比，对于服务的精神实在相差太多了。”

“在台湾，你好好做服务，反倒被企业当成问题人物。”

多数人会站在弱势者，也就是公交车司机的角度来评论，这是可以理解的。不过很明显，这些意见都有“对立”的成分在：司机VS公司、劳方VS资方、被压迫者VS压迫者、正义VS邪恶……很遗憾，这样的二元对立，在科技进步的今天，仍存在于许多人的脑中（可能因为这样的思考比较简单直接吧）。但这种选边站、非黑即白的思考模式，很难真正地解决问题。也难怪新闻事件中，客运公司以惩处作为手段，而公交车司机则以民代陈情作为回应。结局是公司的名誉扫地，司机先生丢了工作，老人家少了个好司机，完全没人得到好处。

但如果以管理顾问的逻辑来切入，整件事情可能会有完全不同的走向。

首先，一般人最在意的“公平正义”与“谁对谁错”等情绪，是第一个该被抽离的元素。为什么？因为我们的目的是让最多人获得利益，而非如擂台赛般地判定谁输谁赢。道德与法律，虽然是维系社会秩序的最后底线，但往往不是解决问题的好工具！

接下来，我们该厘清这则事件的陈述，以及陈述背后的“因果关系”。先将新闻简化成：

司机为了老人家的安全，花时间一一搀扶，导致公交车误点，引发学生、上班族抱怨。

公司警告司机遵循班表，以符合规定与其他乘客权益。

司机坚持老人家的安全最重要，不愿妥协，导致被惩处。

（以上信息以新闻提供为准，这里只是当成思考的训练。如果真的要替企业解决问题，则有必要再深入调查。）

而以上叙述，又可简化成三项基本论点：

论点一：司机搀扶老人→老人获得安全

论点二：司机搀扶老人→公交车班次误点

论点三：公交车班次误点→害上班族迟到

这当中的“→”是所谓的“假设”。要解决争议，就必须仔细思考这些假设，是“绝对不可挑战的必然”，还是“有转圜空间的主观判定”？

我们可以反问自己几个问题，就能逐步发现这些论述背后的盲点。

问题一：司机一定要搀扶老人，老人才会获得安全吗？

（盲点：设置票务员来搀扶，或改派低底盘公交车不行吗？）

问题二：司机去搀扶老人，公交车班次就一定会误点吗？

（盲点：让该名司机加开老人班次，是否可行？）

问题三：公交车班次若真的误点，其他乘客一定会迟到吗？

（盲点：不能在尖峰时段加开班次吗？）

只要稍加思考就会发现，许多论点是略嫌武断的，其实有很多种方法可以满足老人家的需求，满足司机的服务热忱，也满足其他乘客对准点的期待。事实上，确实有网友提出较为理性的论点，例如“日本的公交车是如何兼顾服务与准点的？应该去研究一下！”“难道所有服务好的司机都会误点吗？这当中应该有方法。”“能否统计老人较多的时段，加开低底盘的老人专用班次，请这位司机去负责！”甚至还有网友觉得“请年轻的上班族或学生帮忙搀扶老人，给予特别优惠。”“客运可以表扬该司机，借此宣传企业形象。”你看，只要摆脱那些不必要的“假设”，各式各样的解决方案就纷纷出笼了。

小时候看电视卡通，里面总有正义的一方与邪恶的一方。即使到今天，电影中也不乏正邪对立的角色。但我认为，一个成熟的大人，应该认识到这个世界并非二元对立。遇到争议时，别急着用道德或任何既定价值观来判断对错。请试着用逻辑与理性来看待问题，这样往往能为自己与他人带来更多的好选择！

对个人选择负责的三个态度

我常被人问到一个问题：“我没办法预测每个选择会怎么发展，我又如何能在将来对自己的选择负责呢？”

不可否认，做决定确实会让人感到恐惧。毕竟将来充满未知，每个选择都好似在沙漠中挑选一个方向任意前行。你不知道那个方向最后是找到绿洲，还是化为白骨。所以人们会害怕，想说事情万一没有照着自己的期待走，最后得出一个很糟糕的结果，那该怎么办？尤其心情上，该怎么处理这份选错的懊悔与痛苦，又该怎么说服自己忍痛吞下这糟糕的结果？

这种对未知的担心，确实可能让人焦虑。尤其选择越多，分析越多，常常会让人更加感到不安。这时候若没外力相逼，往往会告诉自己再慢慢想一想。这也是马云说出“晚上想想千条路，早上醒来走原路”这句话时，会让人拍案叫绝的原因。

但我得说：所谓对选择负责的概念，其实重点不是预测，也不是如何让自己接受结果，而是怎么让过程中的每个当下都能正确地投入。换言之，要对自己的人生选择负责，真正该承担的倒是以下这三种责任：

一、每日的责任

乔布斯并不是二十几岁决定要创业发展计算机，而自动变成科技霸主。若把他的人生切割成小段，每段人生都有高峰与谷底，也都有过程的坚持与努力。他创业的第一项产品 AppleI 虽然是成功的，而且也赚了钱；但这成功并没有延续多久，后续的 AppleIII 就以失败告终。到了 1984 年，他甚至被自己一手创立的公司踢出去。但他没有因此气馁，选择到外面经营新公司，经营 3D 动画工作室皮克斯，与卢卡斯及迪士尼合作，专心尝试设计，并练习对使用者的洞察，累积各种经验，1997 年时又再度回归苹果。后面的故事大家就比较熟悉了，随着 2000 年 iPod 的大成功，加上 2007 年 iPhone 的问世，让原本几乎破产的苹果，声望因此被推到史无前例的高峰。

所以，选择这件事情，并不是今天做了一个决定，然后就只能等着老年后享受风光或承担悔恨。就算天才如乔布斯，他的人生也不是靠某个年轻时的选择决定一生。选择这件事情的关键，是你每天都可以持续在原始的选择上做修正。

你想做什么？当甜点师傅？当画家？当工程师？成为创业者？开

咖啡店？写 App？写自己的书？找个性格相同的另一半？这些梦想能否成功，并不是做了选择就从此定案，而是想好要往哪个方向走后，接下来每天都得做些可以持续支持梦想的决定。当每天都有些执行时，才有慢慢往梦想靠近的机会，否则那就可能永远只是想想而已。

而且，以“不断修正”的态度看待人生选择时，对每个选择的心态就可以更轻松些。因为你知道自己永远有修正的空间，可以在每天、每个当下，观察自己与梦想的距离，同时机动性地加速或修正航道。这部分的主动性，其实才是我们在面对选择时，更重要的责任。

二、转圜的责任

有人可能会问：“如果我碰上系统性的风险呢？比方说选了个职业，可是碰上整个产业的没落，那不是完蛋了吗？这可不是靠每日调整能躲过的啊！”

确实，这个可能性是存在的。但大部分的问题发生前，你还是有转圜的空间与时间。此外，就算意外来得突然，至少这些人生经验的累积，还是会以你想象不到的方式产生价值。

举个例子，据说某家媒体最近要把纸本杂志的部门收起来，所以很多人在讨论媒体产业的经营变动。假设你是一个杂志或是新闻媒体中的记者或编辑，碰到整个产业的没落时，一定会很担忧。可是担忧能解决问题吗？不能。责怪自己当年的决定能解决问题吗？当然也不能。

不过，纸媒没落并非一天两天的事情，产业衰退早就有迹象，愿意动的人通常都有转职的机会。就算因为任何原因没有提早离开，在自己身上持续累积的经验，终究还是别人夺不走的东西。若有采访、写稿、下标、编辑、整合文字与美术、产制内容的能力，就算被逼着离开媒体，其他产业一样也会需要这些技能。纸媒没落，不表示数字媒体没这需求。没人看杂志，但大家还是需要整理信息与阅读。所以过去工作期间累积的经验、人脉、能力，一样还是可以带着走。

许多成功者的人生，都是不断调整的过程，前面乔布斯的例子也是一样的概念。过程中他很可能也不知道自己最终会变成什么样，但他持续不断地累积各方面的经验，不断往各种方向尝试，最后命运回报了他的认真与踏实。我们也该如此，千万不要闷着头当鸵鸟，更不要妄想能一次做出某个睿智的决定。人生不是单靠一个考试、一张证照、进入一个领域，就能从此高枕无忧。无论职业、伴侣还是投资，人生的所有选择都不可能一次定终生。所以，我们应该张大眼睛，小心谨慎地做实验，然后根据得到的反馈不断进行调整。

所以你的责任，是睁大眼睛，保持警觉，尽量让将来的自由度放到最大。心态上，也要让自己保持弹性，接受市场调整自己。只要你愿意谦卑、倾听、累积实力、保持心态开放，总会有转圜的空间。

三、及时的责任

此外，与其担心选择之后会后悔，大部分的人更该担心的，是不选择，眼睁睁地看着状况越来越恶化，如同温水煮青蛙般的“慢性选择消失问题”。人生最重要的资源是时间。如果我们都不动，随着年纪增长，我们每次选择时的选项只会越来越少，越来越陷入卡死的状况。最后往往会走到无可奈何，只能被逼着接受唯一选项的境地！

比方说，二十几岁的人没有家累、没有资产、没有离职的机会成本，基本上选任何一条路都没问题。如果想创业，那就去试试看，失败了也没多大损失。反正没有家要养、没房贷要背，最多就是重新找个工作当上班族，还能多惨呢？

但如果等到 30 岁才打算创业，这时候可能在某份工作上已经做了 5 年，得放弃从头来过才行。或是有了准备结婚的对象，就会为他 / 她带来生活不稳定的风险，此时能自由选择的选项就比 20 岁时少一些。

但如果这时候还是没做决定，又没累积人脉或资产，等到 40 岁时，对于冒险这件事可能会更害怕。因为原本的工作往往已经做到高层，此时得放弃百万年薪，机会成本变得更高。此外，家里可能有妻小，有房贷车贷要扛，任由自己冒险的选择又更少了。所以不做选择，时间只会把你的选择一点一点夺去。

所以当你有梦想，就不该原地踏步直到时间把你的梦想完全夺去。想去哪里玩、想拓展眼界，千万不要当成退休后的目标，因为你永远不知道退休后会是什么样的光景。而且所有事情都需要健康来配合，还需要有人跟你一起去做。若是忍耐到退休了，届时身上可能确实有些储蓄，但身体却未必承受得住，可能是膝盖无法弯曲了，或是有慢性病，不适合搭飞机，等等。换句话说，你永远不知道时间过去后，还会剩下什么选择。而且届时你可能会更胆小，担心退休生活没着落，不敢花钱。结果谨小慎微地过完一辈子，留下的仍然是懊悔与遗憾。

结论

所以我总是鼓励别人，如果你有什么事情想试试看，无论那是一个梦想，还是一份好奇，都要趁有机会时尝试。因为选择不是今天做了以后就只能等，过程中随时可以根据新的资讯机动调整。而且很多时候，不选择反而可能失去更多。

所谓对自己的选择负责，我觉得不在于决定某件大事，而是怎么看待自己的每一天。说到底，我们人生没什么真正重大的关键选择，每天的细微选择，才会造就我们最后成为什么样的人。也因为如此，我们更应该勇于做选择，在还有选择时把握机会，努力在过程中收集讯息，睁大眼睛观察浪头的变化，并在必要时改变自己。

最糟糕的选择，就是我们闭上眼睛什么也不动，然后被时间逼到不得不做选择，任由人生走入卡死的状况。这时怪天、怪地、怪爸妈、怪政府、怪命运、怪配偶，都只会让我们走入更艰难的情境之中。

别忘了，拥有选择权的人，永远是自己。“不选择”跟“勇敢选择”承担的责任其实是相同的。所以，对自己人生选择最佳的负责态度，是不要忧虑将来未知的冲击，而是去想如果现在不选择，将来的自由度可能会更加缩限。一旦用这种角度去看待每一个选择，做决定时往往就会简单多了！